Carlos Jacomino
Luis Lozano
Yazid Solís

Ciberseguridad

AF376863

Carlos Jacomino
Luis Lozano
Yazid Solís

Ciberseguridad

desafíos y Soluciones en Sistemas Digitales para Proteger tu Información

Editorial Académica Española

Imprint
Any brand names and product names mentioned in this book are subject to trademark, brand or patent protection and are trademarks or registered trademarks of their respective holders. The use of brand names, product names, common names, trade names, product descriptions etc. even without a particular marking in this work is in no way to be construed to mean that such names may be regarded as unrestricted in respect of trademark and brand protection legislation and could thus be used by anyone.

Cover image: www.ingimage.com

Publisher:
Editorial Académica Española
is a trademark of
Dodo Books Indian Ocean Ltd. and OmniScriptum S.R.L publishing group

120 High Road, East Finchley, London, N2 9ED, United Kingdom
Str. Armeneasca 28/1, office 1, Chisinau MD-2012, Republic of Moldova, Europe
Printed at: see last page
ISBN: 978-613-9-41068-2

Introducción

En un mundo cada vez más interconectado, donde los datos personales y corporativos se encuentran en constante flujo digital, la ciberseguridad se ha convertido en un pilar fundamental para la protección de nuestra información. Desde ataques cibernéticos cada vez más sofisticados hasta la creciente amenaza de vulnerabilidades en sistemas críticos, las organizaciones y usuarios se enfrentan a desafíos constantes para salvaguardar sus activos digitales. Este libro, *Ciberseguridad: Desafíos y Soluciones en Sistemas Digitales para Proteger tu Información*, tiene como objetivo proporcionar una visión clara y accesible de los riesgos en el entorno digital y las soluciones disponibles para enfrentarlos. A lo largo de sus páginas, exploraremos estrategias, herramientas y mejores prácticas para mejorar la seguridad en sistemas informáticos y proteger la información más valiosa.

En este libro, te embarcarás en un recorrido esencial por el mundo de la ciberseguridad, una disciplina crítica en la era digital. A medida que avanzas, descubrirás los conceptos fundamentales y las principales amenazas que ponen en riesgo la seguridad de la información personal y corporativa. Con un enfoque en estrategias de defensa y respuesta ante incidentes, este libro ofrece conocimientos aplicables y soluciones para enfrentar los desafíos del entorno cibernético.

Cada capítulo está diseñado para brindarte herramientas prácticas que refuercen la seguridad digital en cualquier contexto, ya sea personal, profesional o en entornos empresariales. Desde las bases de la ciberseguridad hasta las tendencias futuras, serás guiado en el entendimiento de las amenazas y en la implementación de medidas preventivas efectivas. Así, este libro no solo te preparará para comprender el panorama actual, sino que también te ayudará a anticiparte y a actuar de forma proactiva frente a los riesgos de un mundo digital interconectado.

Con la intención de fortalecer tu conocimiento y sensibilizarte sobre la importancia de la ciberseguridad, te invitamos a sumergirte en estas páginas y a convertirte en un defensor de la información segura y protegida. Este viaje de aprendizaje te permitirá no solo entender, sino también aportar a la protección de los sistemas y la preservación de la confianza en el entorno digital.

Los autores, Yazid Zahid Solís Balladares y Luis Arturo Lozano Zelaya, comparten sus conocimientos y experiencias en el campo de la ciberseguridad, guiando al lector en el entendimiento de los temas más relevantes en este ámbito y presentando soluciones aplicables para asegurar el futuro digital de individuos y organizaciones.

Yazid Zahid Solís Balladares

Estudiante de Ingeniería en Sistemas en la Universidad Americana de Managua (UAM), Yazid Zahid Solís Balladares ha demostrado un fuerte interés por las áreas de la ciberseguridad, el desarrollo de software y las redes. Su enfoque académico se centra en la aplicación de soluciones tecnológicas innovadoras para resolver los desafíos actuales en el ámbito digital. A lo largo de su formación, ha participado en diversos proyectos relacionados con la protección de datos y la seguridad informática, adquiriendo habilidades en programación, análisis de vulnerabilidades y diseño de sistemas seguros.

Luis Arturo Lozano Zelaya

También estudiante de Ingeniería en Sistemas en la Universidad Americana de Managua (UAM), ha mostrado un compromiso constante con el aprendizaje y la mejora en las áreas de la ciberseguridad, redes de computadoras y desarrollo de aplicaciones. Su interés en las tecnologías emergentes y su enfoque práctico en la implementación de soluciones digitales le han permitido trabajar en varios proyectos de protección de la información. A través de su formación académica, Luis ha desarrollado habilidades en la detección y mitigación de amenazas cibernéticas, y busca siempre mejorar la seguridad de los sistemas que utiliza.

INDICE

Capítulo 1:

Fundamentos de la Ciberseguridad

La ciberseguridad es un área fundamental en el mundo actual, donde la interconexión global y la digitalización de todos los aspectos de nuestras vidas han creado un entorno propenso a diversas amenazas informáticas. Este capítulo explora los fundamentos que componen la ciberseguridad, qué significa proteger la información en un entorno digital y cómo los sistemas están siendo diseñados para defenderse de las amenazas cibernéticas. Para ello, se analizarán las amenazas y vulnerabilidades más comunes, las estrategias utilizadas para proteger los sistemas, y la relevancia de la ciberseguridad en nuestra vida diaria.

¿Qué es la ciberseguridad?

La ciberseguridad, también conocida como seguridad informática, hace referencia al conjunto de prácticas, tecnologías y procesos destinados a proteger los sistemas informáticos, redes, dispositivos y datos contra accesos no autorizados, daños o ataques. A medida que la digitalización y la conectividad aumentan, las organizaciones, gobiernos y usuarios deben garantizar que su información y activos digitales estén protegidos. Desde las pequeñas empresas hasta las grandes corporaciones, la ciberseguridad se ha convertido en un componente esencial para la continuidad operativa y la protección de la privacidad.

En un mundo cada vez más dependiente de la tecnología, la ciberseguridad va más allá de una simple protección de datos. Implica la gestión de riesgos, la prevención de intrusiones y la defensa activa contra los ataques que pueden comprometer la integridad de los sistemas informáticos. La ciberseguridad abarca áreas como la protección de redes, la seguridad de la información, la privacidad de los usuarios y la resiliencia ante incidentes cibernéticos.

La ciberseguridad es crucial porque las consecuencias de una brecha de seguridad pueden ser devastadoras tanto para las empresas como para los individuos. Los costos de un ciberataque no solo incluyen la pérdida directa de datos o dinero, sino también los costos intangibles, como la pérdida de confianza y reputación, la interrupción de servicios y la posible sanción de entidades regulatorias.

En un mundo digital interconectado, donde nuestras vidas, trabajos y transacciones se realizan en línea, garantizar la seguridad de los datos se ha vuelto una prioridad no solo para las empresas y gobiernos, sino también para los individuos que interactúan en estos entornos.

La Evolución de la Ciberseguridad

El concepto de ciberseguridad ha evolucionado con el tiempo, especialmente a medida que las amenazas informáticas se han vuelto más sofisticadas. En sus inicios, las primeras preocupaciones sobre la seguridad digital se centraron en la protección física de los dispositivos y redes. Con el avance de Internet y la conectividad, los ataques comenzaron a enfocarse más en la interceptación de datos y el sabotaje de infraestructuras críticas.

El auge de las redes sociales, la computación en la nube y la globalización de los datos han dado paso a nuevas amenazas que deben ser gestionadas con tecnologías de seguridad avanzadas, como la inteligencia artificial (IA), el análisis de datos en tiempo real y la criptografía avanzada. En la actualidad, los ataques cibernéticos son un riesgo constante para todas las partes involucradas en el intercambio de información digital.

Principales Elementos de la Ciberseguridad

Existen varios componentes clave que forman el núcleo de la ciberseguridad:

1. **Confidencialidad:** La protección de los datos para que solo las personas o sistemas autorizados puedan acceder a ellos. La confidencialidad es esencial para proteger información personal, empresarial y gubernamental.
2. **Integridad:** Garantizar que los datos no sean alterados de forma no autorizada. La integridad se asegura a través de técnicas como el hashing, que permite verificar que los datos no han sido modificados durante su transmisión o almacenamiento.
3. **Disponibilidad:** Asegurar que los datos y sistemas estén accesibles cuando se necesiten, lo que implica mantener una infraestructura confiable y garantizar que los servicios no sean interrumpidos por ataques cibernéticos.
4. **Autenticación y Autorización:** Los sistemas deben ser capaces de verificar la identidad de los usuarios y otorgarles acceso solo a los recursos para los que tienen permisos. Esto puede incluir contraseñas, autenticación biométrica y sistemas de control de acceso.
5. **No Repudio:** Asegura que una persona no pueda negar haber realizado una acción en un sistema. Los registros de auditoría y las firmas digitales son herramientas que garantizan el no repudio.

El mundo ha cambiado radicalmente con el advenimiento de la era digital. Lo que antes eran procesos manuales y sistemas aislados, ahora se han transformado en operaciones interconectadas que dependen de la conectividad global y de la capacidad de procesar grandes volúmenes de datos. Las empresas almacenan sus datos en la nube, los servicios bancarios se realizan a través de aplicaciones móviles, y nuestras interacciones personales se llevan a cabo en plataformas sociales y de mensajería en línea. Este entorno digital ha generado enormes ventajas, pero también ha abierto la puerta a nuevas amenazas.

La digitalización trae consigo la creación y distribución masiva de datos. Cada clic, transacción y movimiento dentro de un sistema genera información que, si no se protege adecuadamente, puede ser utilizada para fines maliciosos. Aquí es donde la ciberseguridad juega un papel esencial: proteger la información de usuarios y organizaciones contra el acceso no autorizado, el robo o el daño.

Conceptos Básicos: Qué es la Ciberseguridad y por qué es Crucial

En el entorno digital moderno, la ciberseguridad es mucho más que una disciplina técnica. Es un campo en constante evolución que involucra la protección de sistemas, redes y datos contra el acceso no autorizado, el robo, el daño o la alteración. Con el crecimiento exponencial de la digitalización de procesos, la creación de información en línea y la interconexión global, las amenazas cibernéticas han aumentado significativamente, haciendo que la ciberseguridad sea crucial no solo para las organizaciones, sino también para los usuarios individuales.

Definición de Ciberseguridad

La ciberseguridad puede definirse como el conjunto de prácticas, tecnologías y procesos diseñados para proteger las infraestructuras informáticas, las redes, los dispositivos y la información contra accesos no autorizados o ataques maliciosos. Esta disciplina abarca un amplio espectro, desde la protección de datos personales en redes sociales hasta la defensa de infraestructuras críticas, como los sistemas gubernamentales o los servicios financieros.

En términos sencillos, la ciberseguridad tiene como objetivo garantizar tres principios fundamentales: **confidencialidad**, **integridad** y **disponibilidad** de la información, conocidos como el triángulo de la ciberseguridad o la tríada CIA (por sus siglas en inglés).

1. **Confidencialidad:** Garantizar que los datos solo sean accesibles para aquellos que tienen permiso para acceder a ellos.
2. **Integridad:** Asegurar que la información no sea alterada de manera no autorizada durante su almacenamiento o transmisión.
3. **Disponibilidad:** Asegurar que la información esté disponible para los usuarios autorizados cuando la necesiten.

La Ciberseguridad en la Era Digital

El mundo ha cambiado radicalmente con el advenimiento de la era digital. Lo que antes eran procesos manuales y sistemas aislados, ahora se han transformado en operaciones interconectadas que dependen de la conectividad global y de la capacidad de procesar grandes volúmenes de datos. Las empresas almacenan sus datos en la nube, los servicios bancarios se realizan a través de aplicaciones móviles, y nuestras interacciones personales se llevan a cabo en plataformas sociales y de mensajería en línea. Este entorno digital ha generado enormes ventajas, pero también ha abierto la puerta a nuevas amenazas.

La digitalización trae consigo la creación y distribución masiva de datos. Cada clic, transacción y movimiento dentro de un sistema genera información que, si no se protege adecuadamente, puede ser utilizada para fines maliciosos. Aquí es donde la ciberseguridad juega un papel esencial: proteger la información de usuarios y organizaciones contra el acceso no autorizado, el robo o el daño.

El Crecimiento de las Amenazas Cibernéticas

En la última década, las amenazas cibernéticas han evolucionado de simples virus informáticos a complejos ataques de alto nivel que pueden paralizar servicios, robar millones de dólares e incluso poner en peligro la seguridad nacional. Los ataques cibernéticos pueden ser tanto directos, como el robo de datos o el secuestro de sistemas, como indirectos, tales como el espionaje o la alteración de la infraestructura crítica.

Algunas de las amenazas más comunes incluyen:

1. **Malware:** Programas diseñados para dañar o acceder a sistemas sin el permiso del usuario. Este incluye virus, troyanos, gusanos y ransomware, todos los cuales pueden tener un impacto devastador.
2. **Phishing:** Técnicas fraudulentas que buscan engañar a los usuarios para que proporcionen información sensible, como contraseñas o detalles bancarios, al simular ser una fuente confiable.
3. **Ataques DDoS (Denegación de Servicio Distribuida):** Ataques que buscan hacer que los sistemas o servicios sean inaccesibles al sobrecargar los recursos con tráfico malicioso.
4. **Ransomware:** Malware que cifra los archivos del usuario y exige un pago para devolverles el acceso, lo que puede paralizar organizaciones enteras durante días.

5. **Vulnerabilidades en el Software:** Los errores en los sistemas operativos, aplicaciones o infraestructura de red pueden ser explotados por atacantes para obtener acceso no autorizado a los sistemas.

A medida que las interacciones digitales aumentan, la confianza se convierte en un componente esencial. Las personas y organizaciones deben confiar en que sus datos serán gestionados de forma segura, y en que los servicios que utilizan en línea protegerán su información personal y financiera. Esto genera una responsabilidad significativa para las empresas y entidades gubernamentales que administran plataformas digitales, ya que una falla en la ciberseguridad puede socavar la confianza del usuario y provocar un daño irreversible a la reputación.

Por ejemplo, las grandes brechas de seguridad que han afectado a empresas como Facebook, Yahoo y Equifax han demostrado que la pérdida de datos sensibles puede tener consecuencias no solo a nivel financiero, sino también en términos de la pérdida de confianza del consumidor. Las organizaciones deben ser transparentes sobre cómo manejan la seguridad de los datos y proporcionar a sus usuarios un control adecuado sobre su información personal.

Las Amenazas Cibernéticas Más Comunes

Las amenazas cibernéticas son diversas y evolucionan constantemente. Algunas de las más comunes incluyen:

1. **Malware:** Software malicioso diseñado para dañar, interrumpir o robar información de los sistemas. Entre los tipos de malware más conocidos están los virus, gusanos, troyanos y ransomware. Los

ataques de malware pueden tener consecuencias graves, desde la pérdida de datos hasta el secuestro de sistemas enteros.

2. **Phishing:** Un ataque en el que los ciberdelincuentes intentan engañar a las personas para que revelen información confidencial, como contraseñas o detalles bancarios, haciéndose pasar por una fuente confiable. El phishing puede llevarse a cabo mediante correos electrónicos, mensajes de texto o sitios web falsos.

3. **Ransomware:** Un tipo específico de malware que encripta los archivos de un sistema y exige un pago (ransom) a cambio de la clave para desbloquearlos. El ransomware ha crecido enormemente en los últimos años y representa una de las amenazas más rentables para los atacantes.

4. **Ataques de Denegación de Servicio (DDoS):** En un ataque DDoS, un atacante inunda un servidor o una red con tráfico malicioso, lo que provoca la interrupción del servicio. Estos ataques pueden paralizar sitios web y servicios en línea, afectando a empresas y usuarios.

5. **Exploits de Vulnerabilidades:** Las vulnerabilidades de software o hardware no corregidas pueden ser explotadas por los atacantes para obtener acceso no autorizado a los sistemas. Los exploits son una de las formas más comunes de comprometer la seguridad de un sistema.

La Gestión de Riesgos en Ciberseguridad

La gestión de riesgos es un aspecto fundamental de la ciberseguridad. Implica la identificación, evaluación y mitigación de los riesgos asociados con las amenazas cibernéticas. Un enfoque efectivo de gestión de riesgos debe considerar varios factores, incluidos el impacto potencial de un ataque, las vulnerabilidades de los sistemas y los costos asociados con las soluciones de seguridad.

La evaluación de riesgos debe llevarse a cabo de manera regular, ya que las amenazas evolucionan rápidamente y las vulnerabilidades se descubren constantemente. Para mitigar los riesgos, las organizaciones deben implementar controles de seguridad, realizar auditorías periódicas y tener planes de contingencia en caso de incidentes de seguridad.

La ciberseguridad ha recorrido un largo camino desde sus primeros días. A medida que las tecnologías informáticas han avanzado y el entorno digital ha crecido, también lo han hecho las amenazas y las soluciones para combatirlas. Para comprender mejor la ciberseguridad en su estado actual, es importante revisar su evolución, desde los primeros sistemas de protección hasta los complejos enfoques modernos que requieren de innovación constante para contrarrestar los ataques más sofisticados.

En los años 50 y 60, los sistemas informáticos eran primitivos en comparación con los actuales. Las computadoras eran grandes, costosas y principalmente utilizadas por gobiernos, universidades y empresas para realizar cálculos y almacenar información básica. La noción de "seguridad" era muy limitada, y los sistemas estaban tan aislados que no era necesario preocuparse por amenazas externas. Sin embargo, a medida que la informática se expandió y se volvieron más accesibles para las empresas y más personas, las primeras formas de seguridad comenzaron a tomar forma.

Durante los años 60 y 70, las computadoras eran utilizadas principalmente en entornos cerrados, como universidades y grandes instituciones, y la seguridad estaba enfocada principalmente en prevenir accesos no autorizados. Los primeros sistemas de protección estaban orientados a la autenticación básica, como las contraseñas, y se usaban de manera interna. En esos tiempos, la mayor amenaza era el acceso no autorizado por parte de usuarios internos, ya que las redes externas no eran una preocupación.

Sin embargo, a medida que las redes de computadoras comenzaron a expandirse en los años 80, especialmente con el surgimiento de la red ARPANET, precursor de lo que sería la actual internet, surgió la necesidad de desarrollar mejores mecanismos para proteger la información. En ese momento, los antivirus y los firewalls comenzaron a surgir como las primeras líneas de defensa contra los ataques externos.

La década de los 90 fue crucial para el desarrollo tanto de internet como de las amenazas cibernéticas. Con la comercialización de la web y la rápida expansión de usuarios en línea, se generaron nuevas oportunidades para los ciberdelincuentes. Los primeros virus informáticos, como el famoso "ILOVEYOU" en 2000, demostraron lo vulnerable que se había vuelto la información debido a la conectividad masiva.

En esa época, el concepto de "ciberseguridad" comenzó a adquirir una mayor importancia, pues las empresas empezaron a almacenar datos sensibles en línea, y la protección de la información comenzó a ser vista como una prioridad. Los antivirus se convirtieron en herramientas comunes para proteger las computadoras personales contra malware y virus, mientras que los firewalls ayudaban a proteger las redes corporativas de intrusos no deseados.

El auge de Internet trajo consigo nuevas amenazas, como el correo electrónico no deseado (spam), el phishing (suplantación de identidad) y la creación de troyanos diseñados para robar información personal. Los hackers también comenzaron a experimentar con el uso de vulnerabilidades en los sistemas operativos y las aplicaciones, lo que llevó al desarrollo de los primeros parches de seguridad y actualizaciones automáticas.

El Ciclo de Vida de un Ataque Cibernético

Para comprender mejor cómo se desarrollan los ataques cibernéticos, es esencial entender el ciclo de vida de un ataque. Este ciclo suele incluir varias fases:

1. **Reconocimiento:** El atacante recopila información sobre la víctima, como las vulnerabilidades del sistema y los puntos débiles en la infraestructura.

2. **Explotación:** El atacante explota las vulnerabilidades descubiertas para ganar acceso al sistema o red.

3. **Instalación:** Una vez dentro, el atacante puede instalar malware o backdoors para mantener el acceso no autorizado.

4. **Control y Exfiltración:** El atacante toma el control de los sistemas comprometidos y puede robar datos o interrumpir los servicios.

5. **Eliminación de Evidencias:** En la última etapa, el atacante intenta borrar sus huellas para evitar ser detectado.

Herramientas y Técnicas de Defensa en Ciberseguridad

Existen diversas herramientas y tecnologías que ayudan a prevenir, detectar y mitigar los riesgos cibernéticos. Algunas de las más utilizadas incluyen:

1. **Firewalls:** Dispositivos o software que filtran el tráfico de red para bloquear accesos no autorizados.

2. **Antivirus y Antimalware:** Software diseñado para detectar y eliminar malware y virus en los sistemas.

3. **Sistemas de Detección y Prevención de Intrusiones (IDS/IPS):** Herramientas que monitorean las redes en busca de actividades sospechosas y alertan a los administradores en tiempo real.

4. **Cifrado:** Utilización de algoritmos matemáticos para proteger los datos durante la transmisión y el almacenamiento.

5. **Autenticación Multifactorial (MFA):** Un método de autenticación que requiere dos o más pruebas de identidad, como una contraseña y un código enviado a un dispositivo móvil.

El Futuro de la Ciberseguridad

La ciberseguridad continúa evolucionando, y las tecnologías emergentes jugarán un papel crucial en la protección de los sistemas digitales. El uso de inteligencia artificial (IA) para detectar patrones anómalos en el tráfico de red, el análisis predictivo para anticipar ataques y el aumento de la automatización en la defensa cibernética son solo algunas de las tendencias emergentes. La ciberseguridad también deberá adaptarse a nuevas amenazas, como el impacto de la computación cuántica, que podría desafiar los algoritmos criptográficos actuales.

Los ataques cibernéticos no ocurren de manera aleatoria ni repentina. La mayoría de los cibercriminales siguen un ciclo de vida bien estructurado que les permite maximizar la probabilidad de éxito de su ataque. Este ciclo, que involucra diversas fases, abarca desde la planificación y la recopilación de información hasta la ejecución del ataque y la posterior explotación de la vulnerabilidad. Entender este ciclo es fundamental para que las organizaciones puedan anticipar, detectar y mitigar los ciberataques de manera efectiva.

Recopilación de información pública: En esta fase, los atacantes utilizan fuentes de información accesibles públicamente, como redes sociales, sitios web, foros y bases de datos públicas, para obtener detalles sobre la organización o individuo objetivo. Esto incluye información sobre las infraestructuras tecnológicas, los sistemas de seguridad, las personas clave dentro de la organización, así como detalles personales de los empleados, como sus cargos, ubicaciones, correos electrónicos y conexiones en redes sociales. Esta información es fundamental para diseñar un ataque específico y dirigido.

Escaneo de redes y puertos: Los atacantes pueden utilizar herramientas de escaneo de redes para identificar las direcciones IP de su objetivo y analizar los puertos abiertos en los servidores y dispositivos. Esta información les permite identificar las vulnerabilidades en los sistemas, como servicios mal configurados, software desactualizado o incluso dispositivos expuestos públicamente. Las herramientas de escaneo, como Nmap o Nessus, son comunes en esta fase.

Identificación de vulnerabilidades: Una vez que se ha recopilado suficiente información, los atacantes realizan un análisis para identificar las posibles vulnerabilidades en los sistemas de la organización. Estas vulnerabilidades pueden incluir fallas en el software, configuraciones incorrectas, contraseñas débiles o incluso defectos en los protocolos de seguridad. La información obtenida en la fase de reconocimiento es esencial para determinar la mejor forma de comprometer el sistema.

Capítulo 2:

Principales Amenazas Cibernéticas

Malware: Tipos y Estrategias de Propagación

Introducción al Malware

El malware (o software malicioso) es cualquier tipo de programa o código dañino que afecta a sistemas de cómputo y redes. Su propósito varía, desde la obtención ilícita de datos hasta el control remoto de dispositivos. La sofisticación de las técnicas de propagación y de infección de malware ha convertido a esta amenaza en una de las más persistentes y versátiles.

Principales Tipos de Malware

Cada tipo de malware tiene un comportamiento distinto y afecta a los sistemas de diferentes maneras:

- **Virus**: Infecta archivos ejecutables y se propaga cuando se activan estos archivos. Los virus requieren la acción del usuario para replicarse y suelen dañar o ralentizar el sistema.
- **Gusanos**: Utilizan redes para propagarse automáticamente, saturando los recursos del sistema y causando fallos. Ejemplo: el gusano **ILOVEYOU**, que afectó millones de dispositivos en el año 2000.
- **Troyanos**: Se ocultan en archivos o aplicaciones aparentemente seguras. Una vez que el usuario los ejecuta, el atacante puede tener acceso remoto al sistema. Ejemplos incluyen **Zeus** y **Emotet**.
- **Spyware**: Diseñado para recopilar información sin el consentimiento del usuario. Puede registrar pulsaciones de teclas y monitorear la actividad en línea.
- **Ransomware**: Cifra archivos y exige un pago para recuperar el acceso. Ejemplos como **WannaCry** en 2017 tuvieron un impacto masivo en organizaciones de todo el mundo.

Métodos de Propagación del Malware

- **Correos Electrónicos de Phishing**: Simulan comunicaciones legítimas para engañar a los usuarios a que descarguen adjuntos maliciosos.
- **Descargas Maliciosas (Drive-by Downloads)**: Se activan automáticamente al visitar sitios web comprometidos.
- **Explotación de Vulnerabilidades en Software**: Aprovechan brechas de seguridad en sistemas no actualizados.
- **Redes P2P y Torrents**: Malware disfrazado de archivos atractivos como música o películas.
- **Dispositivos de Almacenamiento Externos**: Las memorias USB infectadas son una vía común de propagación.

Impacto del Malware en los Sistemas

El malware puede provocar:

- **Reducción de Productividad**: Lento desempeño y pérdida de tiempo.
- **Consecuencias Económicas**: Costos en reparación de sistemas y pérdida de confianza de los clientes.
- **Riesgos de Seguridad**: Acceso a información confidencial y compromisos de integridad de datos.

Estudios de Caso de Ataques de Malware

Caso WannaCry (2017)

En mayo de 2017, el mundo fue testigo de uno de los ataques de ransomware más devastadores de la historia: el ataque de WannaCry. Este ransomware afectó a más de 200,000 computadoras en al menos

150 países en cuestión de días, paralizando a empresas, hospitales, universidades y organismos gubernamentales.

- Propagación: WannaCry explotó una vulnerabilidad en el sistema operativo Windows conocida como EternalBlue, la cual fue desarrollada y filtrada por la Agencia de Seguridad Nacional de los Estados Unidos (NSA). Microsoft había lanzado un parche de seguridad para esta vulnerabilidad meses antes, pero muchos sistemas aún no lo habían instalado, lo que permitió que WannaCry se propagara rápidamente.

- Modo de Operación: Una vez que WannaCry infectaba un sistema, encriptaba todos los archivos del usuario y mostraba un mensaje exigiendo el pago de un rescate en Bitcoin para descifrar los archivos. Los atacantes pedían entre 300 y 600 dólares, con una amenaza de duplicar el rescate si no se pagaba en un plazo determinado. Además, WannaCry utilizaba una técnica de gusano para auto-replicarse y expandirse automáticamente a otros sistemas vulnerables en la red.

- Impacto: Este ataque tuvo consecuencias catastróficas en varios sectores, siendo el sistema de salud del Reino Unido (NHS) uno de los más afectados. Muchos hospitales y clínicas tuvieron que suspender servicios críticos, cancelar citas y transferir pacientes debido a la inoperatividad de sus sistemas. En términos económicos, se estima que el ataque causó miles de millones de dólares en pérdidas globalmente.

- Lecciones Aprendidas: WannaCry subrayó la importancia de mantener los sistemas actualizados y aplicar parches de seguridad de forma regular. Además, destacó la vulnerabilidad de sistemas críticos que dependen de versiones antiguas de software. Como resultado de este ataque, muchas organizaciones han reforzado sus políticas de actualización y han adoptado prácticas de respaldo de datos para mitigar el impacto de futuros ataques.

Caso NotPetya (2017)

Un mes después del ataque de WannaCry, en junio de 2017, surgió un ataque similar conocido como NotPetya. Aunque parecía ser otro ransomware, NotPetya tenía características y objetivos diferentes. Este ataque afectó principalmente a Ucrania, pero rápidamente se extendió a otras partes del mundo, afectando a grandes corporaciones.

- Propagación: NotPetya se propagó utilizando también la vulnerabilidad de EternalBlue, al igual que WannaCry, pero incluyó otros métodos de infección, como el uso de credenciales de usuario robadas para acceder a otros sistemas en la misma red. Inicialmente, se cree que NotPetya se introdujo a través de una actualización comprometida del software de contabilidad ucraniano M.E.Doc, lo que permitió a los atacantes distribuir el malware a una gran cantidad de sistemas rápidamente.

- Modo de Operación: Aunque NotPetya cifraba los archivos en el sistema, su código estaba diseñado de manera que no permitía realmente recuperar los datos, incluso si la víctima pagaba el rescate. Esto sugiere que el objetivo principal del ataque no era la ganancia económica, sino causar interrupciones y daños masivos. NotPetya actuó como una ciberarma, diseñada para desestabilizar sistemas y redes.

- Impacto: NotPetya afectó a empresas globales como Maersk, Merck, y FedEx, causando interrupciones significativas en sus operaciones. Maersk, una de las empresas de logística más grandes del mundo, reportó pérdidas de hasta 300 millones de dólares, ya que el ataque inhabilitó sus sistemas de logística y envío durante varios días. En total, se estima que el ataque de NotPetya generó pérdidas de hasta 10,000 millones de dólares en todo el mundo.

- Lecciones Aprendidas: El ataque de NotPetya fue una advertencia sobre los riesgos de depender de software de terceros sin una debida auditoría de seguridad. También destacó la importancia de la segmentación de redes y el uso de autenticación fuerte, ya que NotPetya explotó credenciales de red para propagarse internamente. Además, subrayó la necesidad de contar con un plan de recuperación ante desastres para minimizar el impacto de interrupciones catastróficas.

Estos casos de malware no solo ejemplifican el impacto económico y operativo que un ataque cibernético puede tener en organizaciones de todos los tamaños, sino que también demuestran la importancia de la ciberseguridad en un mundo digital interconectado. WannaCry y NotPetya sirvieron como catalizadores para que muchas empresas revisaran y reforzaran sus políticas de seguridad, actualizaran sus sistemas y adoptaran medidas preventivas adicionales, como la realización de copias de seguridad regulares y el endurecimiento de la seguridad en la red.

Phishing y Ransomware: Los Peligros Más Comunes

Phishing: Ingeniería Social y Técnicas de Engaño

El *phishing* es un método que usa la ingeniería social para engañar a los usuarios y hacer que revelen información sensible. Este ataque simula ser una comunicación confiable (correo, mensaje SMS, o sitio web) para robar datos como contraseñas, información bancaria y más.

Principales Tipos de Phishing

- **Phishing por Correo Electrónico**: Los atacantes envían correos simulando ser empresas legítimas. Ejemplo: correos que simulan ser de bancos solicitando verificación de cuenta.
- **Spear Phishing**: Ataques dirigidos a individuos específicos utilizando información personal. Es más efectivo debido a la personalización.
- **Vishing y Smishing**: Phishing a través de llamadas telefónicas y mensajes SMS, respectivamente, donde los atacantes simulan ser instituciones o entidades de confianza.

Impacto del Phishing en las Organizaciones y Usuarios

El phishing causa millones de dólares en pérdidas cada año. En 2021, los ataques de phishing aumentaron significativamente, comprometiendo la seguridad de empresas y particulares. Los costos incluyen el fraude, el tiempo y los recursos empleados en la recuperación de cuentas.

Ransomware: Secuestro de Datos y Extorsión

El ransomware cifra los archivos en un sistema y exige un pago (generalmente en criptomonedas) para restaurar el acceso. Este ataque puede causar la pérdida total de datos críticos y la interrupción de operaciones.

Tipos de Ransomware

Crypto Ransomware

Este es uno de los tipos más comunes y devastadores de ransomware. El **crypto ransomware** cifra los archivos de la víctima, haciéndolos inaccesibles. A continuación, el atacante exige un rescate para proporcionar la clave de descifrado que permita recuperar los archivos.

- **Modo de Operación**: Una vez que infecta el sistema, este ransomware selecciona archivos específicos, generalmente aquellos con información valiosa como documentos, fotos, videos y archivos de trabajo. Utiliza algoritmos de cifrado avanzados (como AES o RSA) para hacer que los archivos sean irreconocibles y, por tanto, inservibles.

- **Ejemplos Notables**: **WannaCry** y **CryptoLocker**. WannaCry, en particular, afectó a miles de sistemas en todo el mundo en 2017, incluyendo hospitales y empresas de infraestructura crítica.

- **Impacto**: El crypto ransomware puede causar grandes pérdidas financieras, ya que los archivos cifrados suelen ser esenciales para las operaciones de la organización o la vida personal de la víctima. Además, la recuperación es difícil si no existen copias de seguridad.

2. Locker Ransomware

Este tipo de ransomware, en lugar de cifrar archivos, bloquea el acceso del usuario al sistema completo. El **locker ransomware** restringe el acceso a la computadora o dispositivo afectado, mostrando un mensaje en pantalla que solicita un rescate a cambio de restablecer el acceso.

- **Modo de Operación**: Una vez que infecta el sistema, este ransomware muestra una pantalla de bloqueo que impide al usuario interactuar con su computadora. A menudo, el mensaje advierte a la víctima que necesita pagar un rescate para recuperar el acceso, y puede incluir un temporizador para presionar al usuario.

- **Ejemplos Notables**: Uno de los ejemplos iniciales fue el ransomware **WinLocker**, que apareció en 2011. Este tipo de ransomware también se ve a menudo en dispositivos móviles.

- **Impacto**: Aunque menos dañino que el crypto ransomware, el locker ransomware puede impedir el acceso a los sistemas, lo que afecta a usuarios y empresas que dependen de los dispositivos para sus tareas diarias. Es particularmente problemático en dispositivos críticos para operaciones continuas, como los puntos de venta.

3. Ransomware Doble Extorsión

Este ransomware combina el cifrado de archivos con una segunda amenaza: la exposición de los datos robados si no se paga el rescate. En los últimos años, esta técnica de doble extorsión se ha vuelto popular entre los atacantes, ya que aumenta la presión sobre las víctimas para que paguen.

- **Modo de Operación**: En la primera etapa, el atacante infiltra el sistema, roba información confidencial y luego cifra los archivos. Si la víctima se rehúsa a pagar el rescate, el atacante amenaza con hacer públicos los datos sensibles o venderlos en mercados ilegales.

- **Ejemplos Notables**: **Maze** y **REvil**. Estos grupos de ransomware han utilizado la doble extorsión en grandes organizaciones, lo que ha provocado filtraciones de datos sensibles.

- **Impacto**: La doble extorsión no solo afecta a la disponibilidad de los datos, sino también a la privacidad y la reputación de la víctima. Las organizaciones temen la publicación de datos sensibles, lo que puede causar un daño irreversible a la confianza de sus clientes y a su imagen pública.

4. Ransomware como Servicio (RaaS)

Ransomware as a Service (RaaS) es un modelo en el que los desarrolladores de ransomware ofrecen su software malicioso a otros atacantes a cambio de una comisión sobre el rescate. Este modelo de negocio ha hecho que el ransomware sea accesible para ciberdelincuentes sin conocimientos técnicos avanzados, expandiendo así el número de ataques.

- **Modo de Operación**: Los desarrolladores de RaaS proporcionan la infraestructura y el software para realizar ataques de ransomware. Los "afiliados" pueden acceder a esta tecnología y lanzarla contra objetivos específicos, compartiendo las ganancias obtenidas con los desarrolladores.

- **Ejemplos Notables**: **DarkSide** y **Ryuk** han utilizado modelos de RaaS. DarkSide, en particular, fue responsable del ataque contra Colonial Pipeline en 2021.

- **Impacto**: Este modelo democratiza el ransomware y facilita su distribución, aumentando el volumen de ataques y afectando tanto a empresas grandes como a pequeñas y medianas. La infraestructura de RaaS también permite ataques organizados y dirigidos a sectores específicos.

5. Ransomware Sin Fines de Lucro

En algunos casos, los atacantes lanzan ransomware sin la intención de obtener un rescate financiero. Estos ataques pueden tener como objetivo causar daño, enviar un mensaje o desestabilizar una organización o un país. Aunque se comporta de manera similar a otros tipos de ransomware, los atacantes no proporcionan una clave de descifrado ni medios para recuperar los datos.

- **Modo de Operación**: Este tipo de ransomware infecta y cifra los archivos sin proporcionar una vía de recuperación o clave de descifrado, lo que hace que los datos sean irrecuperables.

- **Ejemplos Notables**: **NotPetya**, lanzado en 2017, simulaba ser ransomware, pero en realidad estaba diseñado como una ciberarma para desestabilizar empresas y servicios en Ucrania.

- **Impacto**: Estos ataques son devastadores, ya que no existe una forma de recuperar los datos, incluso si la víctima estuviera dispuesta a pagar. Esto puede desestabilizar a organizaciones enteras y causar pérdidas significativas sin posibilidad de recuperación.

6. Scareware

El scareware utiliza técnicas de intimidación para hacer que las víctimas crean que sus dispositivos están infectados o comprometidos, y les exige pagar para solucionar el problema. Aunque en muchos casos no encripta los archivos, el scareware asusta al usuario para que pague un rescate.

- **Modo de Operación**: A través de anuncios emergentes o mensajes falsos de antivirus, el scareware simula haber detectado una infección o amenaza en el sistema del usuario. Para resolverlo, solicita un pago para una supuesta "eliminación" de la amenaza.

- **Ejemplos Notables**: Programas como **FakeAV** y **Security Tool** son ejemplos de scareware, diseñados para simular ser herramientas de seguridad falsas.

- **Impacto**: Aunque puede no causar daño directo al sistema, el scareware engaña a los usuarios menos informados y los lleva a gastar dinero en una "solución" falsa. Puede generar ansiedad y pérdida de confianza en las herramientas de seguridad reales.

Estos tipos de ransomware representan diferentes tácticas y objetivos, desde el cifrado de datos y la interrupción de sistemas hasta la explotación de la privacidad de los datos. La diversificación de estrategias de ransomware hace que sea necesario adoptar una combinación de medidas de seguridad, como la educación de usuarios, el respaldo de datos y el monitoreo constante de la red, para minimizar el riesgo de ataques y proteger los activos digitales de las organizaciones y usuarios individuales.

Ryuk

El ransomware **Ryuk** es uno de los ejemplos más conocidos y destructivos de esta clase de malware. Se trata de un tipo de ransomware orientado a grandes empresas, instituciones gubernamentales y hospitales, diseñado para causar el mayor daño posible y maximizar las ganancias obtenidas mediante extorsión.

- **Historia y Origen**: Ryuk apareció por primera vez en 2018, vinculado a un grupo de cibercriminales conocido como Wizard Spider, con sede en Rusia. Ryuk se ha utilizado en ataques dirigidos, en los que se estudian y seleccionan cuidadosamente las víctimas que tienen los recursos para pagar un rescate elevado.

- **Método de Propagación**: Ryuk generalmente se propaga mediante ataques de phishing bien planificados o a través de otros malwares auxiliares como **Emotet** y **TrickBot**, que funcionan como puertas de entrada para que Ryuk infecte los sistemas. Estos programas auxiliares permiten al atacante infiltrarse en la red de la víctima, escalar privilegios y finalmente lanzar Ryuk en los sistemas clave de la organización.

- **Impacto**: Los ataques de Ryuk han afectado gravemente a empresas de sectores como la salud, los servicios financieros y la logística, donde el tiempo de inactividad tiene graves repercusiones económicas y operativas. Por ejemplo, en 2019, varios hospitales en Estados Unidos se vieron obligados a suspender servicios, ya que sus sistemas de datos médicos fueron bloqueados por Ryuk. Las cifras de rescate han alcanzado hasta varios millones de dólares, dependiendo de la capacidad de la organización para pagar y del valor de los datos encriptados.

- **Estrategia de Extorsión**: Ryuk está diseñado para causar interrupciones tan severas que las organizaciones afectadas se ven presionadas a pagar rápidamente el rescate. Los atacantes utilizan una doble táctica de presión: primero, amenazan con destruir los datos si no se realiza el pago; luego, si la organización aún no paga, amenazan con filtrar la información confidencial obtenida.

Estrategias de Protección contra Phishing y Ransomware

Dado el impacto de las amenazas de phishing y ransomware, es esencial que las organizaciones y usuarios implementen medidas preventivas para minimizar el riesgo de infección y responder rápidamente si se produce un ataque.

1. Educación y Concienciación de los Usuarios

La formación en ciberseguridad es la primera línea de defensa contra el phishing y el ransomware. Las organizaciones deben capacitar a sus empleados para que reconozcan correos electrónicos y mensajes sospechosos y entiendan los riesgos de hacer clic en enlaces desconocidos o descargar archivos adjuntos no verificados.

Programas de simulación de phishing ayudan a evaluar y mejorar la respuesta de los empleados ante correos de phishing.

2. Filtros de Correo Electrónico y Seguridad de Redes

Implementar filtros avanzados de correo electrónico que puedan detectar y bloquear correos de phishing antes de que lleguen a los usuarios.

Utilizar firewalls y sistemas de detección y prevención de intrusiones (IDS/IPS) para monitorear y analizar el tráfico de red en busca de patrones de ataque sospechosos.

3. Copias de Seguridad (Backups) y Recuperación de Datos

Realizar copias de seguridad de los datos críticos en ubicaciones seguras y fuera de línea con regularidad. Esto asegura que, si ocurre un ataque de ransomware, los datos puedan restaurarse sin necesidad de pagar el rescate.

Probar periódicamente los procedimientos de recuperación de datos para garantizar que las copias de seguridad se restauren correctamente y estén protegidas de accesos no autorizados.

4. Software Anti-Phishing y Anti-Ransomware

Utilizar software de seguridad especializado que detecte y bloquee tanto las técnicas de phishing como los programas de ransomware. Las herramientas de anti-ransomware son capaces de detectar comportamientos sospechosos, como el cifrado masivo de archivos, y bloquear estas actividades antes de que se propaguen en la red.

Actualizar regularmente todos los sistemas de seguridad y software antivirus para que puedan detectar y bloquear las últimas variantes de ransomware y otros malware auxiliares como Emotet y TrickBot.

5. Implementación de la Autenticación Multifactorial (MFA)

Utilizar MFA para proteger el acceso a las redes y sistemas críticos. La MFA agrega una capa adicional de seguridad, requiriendo que los usuarios verifiquen su identidad a través de múltiples factores (como un código SMS o una aplicación de autenticación), dificultando el acceso a los atacantes.

6. Segmentación de Redes y Restricción de Privilegios

Implementar la segmentación de redes para limitar el alcance de un ataque si se produce una infección. Esto implica dividir la red en segmentos aislados, de modo que si una parte de la red se ve comprometida, el ransomware o el malware no pueda propagarse fácilmente a otros sistemas.

Utilizar el principio de **privilegios mínimos**, asegurándose de que los usuarios solo tengan acceso a los datos y sistemas necesarios para sus funciones. Esto limita la capacidad del atacante de escalar privilegios y acceder a información crítica en caso de infiltrarse en la red.

Phishing y ransomware son amenazas cada vez más sofisticadas y persistentes en el entorno cibernético actual. Los ataques de phishing facilitan la introducción de ransomware como Ryuk, un ejemplo notable de cómo estas amenazas pueden causar interrupciones operativas y pérdidas financieras significativas. La implementación de estrategias preventivas, como la capacitación en seguridad, el respaldo de datos y el uso de autenticación multifactorial, puede ayudar a reducir significativamente el riesgo de estos ataques y proteger la integridad de los datos y sistemas de las organizaciones.

Ataques DDoS y la Amenaza a la Disponibilidad de los Servicios

Qué es un Ataque DDoS?

Los ataques de **Denegación de Servicio Distribuida** o **DDoS** (por sus siglas en inglés, *Distributed Denial of Service*) buscan inhabilitar un servidor, sitio web o servicio en línea, sobrecargando su infraestructura con un tráfico excesivo de solicitudes. Al consumir todos los recursos del sistema, los atacantes logran que el servicio se vuelva inaccesible para los usuarios legítimos, generando interrupciones que pueden ser muy costosas para las empresas y organizaciones afectadas.

Estos ataques suelen utilizar redes de dispositivos comprometidos, conocidos como **botnets**, que son controlados por los atacantes para coordinar la emisión masiva de solicitudes. Los ataques DDoS pueden durar desde unos minutos hasta días o semanas, dependiendo de los objetivos y recursos de los atacantes.

Tipos de Ataques DDoS

Existen varios tipos de ataques DDoS, cada uno dirigido a explotar vulnerabilidades específicas del sistema o red objetivo:

Ataques de Volumen

Los ataques de volumen están diseñados para saturar el ancho de banda del sistema objetivo, inundándolo con una gran cantidad de tráfico de datos. Los ataques de volumen pueden consumir rápidamente el ancho de banda disponible, haciendo que los servicios se vuelvan lentos o completamente inaccesibles.

- **Ejemplo**: Inundación de UDP (*User Datagram Protocol*), donde los atacantes envían una gran cantidad de paquetes UDP falsificados al servidor para sobrecargar el ancho de banda.
- **Impacto**: Estos ataques pueden afectar la velocidad de conexión y, en casos severos, causar la caída total de los servicios de red.

Ataques de Protocolo

Los ataques de protocolo explotan las debilidades en los protocolos de comunicación de red, como TCP/IP, para interrumpir el servicio. Estos ataques consumen recursos de red y pueden colapsar el sistema al desbordar las tablas de conexión en los servidores y dispositivos intermedios.

- **Ejemplo**: Ataques SYN flood, donde se envían múltiples solicitudes SYN (sin finalizar la conexión) para agotar los recursos de conexión del servidor.
- **Impacto**: Dañan el protocolo de comunicación y hacen que el servidor no sea capaz de gestionar las solicitudes legítimas. Son especialmente efectivos contra sistemas sin medidas de seguridad adecuadas.

Ataques de Capa de Aplicación (Layer 7)

Los ataques de capa de aplicación son ataques específicos dirigidos a servicios o aplicaciones que funcionan en el nivel de aplicación (capa 7 del modelo OSI). A diferencia de otros tipos de ataques, los ataques de capa de aplicación son más difíciles de detectar porque simulan el comportamiento de los usuarios legítimos.

- **Ejemplo**: Ataque HTTP flood, donde se envían múltiples solicitudes HTTP al servidor, simulando un acceso de usuario legítimo para sobrecargar el sitio web.
- **Impacto**: Este tipo de ataque puede afectar a sitios de comercio electrónico, servicios de banca en línea y otros sistemas críticos que dependen de la disponibilidad constante para sus usuarios.

Impacto de los Ataques DDoS en las Organizaciones

Los ataques DDoS representan una amenaza seria para la disponibilidad de los servicios en línea y pueden tener un impacto significativo en la reputación, ingresos y operatividad de una organización. Algunos de los principales efectos incluyen:

- **Pérdida de Ingresos**: Cuando un ataque DDoS afecta a una empresa de comercio electrónico o de servicios financieros, cada minuto de inactividad representa una pérdida directa de ingresos. Para empresas que dependen de servicios en línea, como tiendas de comercio electrónico o plataformas de juegos, la interrupción puede resultar especialmente costosa.

- **Daño a la Reputación**: La indisponibilidad de un servicio puede afectar la percepción del público y reducir la confianza en la empresa. Los usuarios esperan que las organizaciones de servicios en línea proporcionen un acceso seguro y confiable. Si un sitio web sufre ataques frecuentes, los clientes pueden dudar de la capacidad de la empresa para proteger sus datos.

- **Costos de Recuperación y Mitigación**: Después de un ataque, las empresas pueden enfrentar gastos significativos para restaurar el servicio, incluyendo la contratación de servicios de mitigación de DDoS, reparación de infraestructura afectada y, en algunos casos, pago a proveedores externos para implementar soluciones preventivas.

Estudios de Caso de Ataques DDoS

Caso Dyn (2016)

En octubre de 2016, una serie de ataques DDoS masivos dirigidos contra la empresa Dyn, un proveedor de servicios de DNS, causaron interrupciones a nivel mundial en sitios web populares como Twitter, Spotify, Reddit y Amazon. El ataque utilizó una botnet formada por dispositivos IoT comprometidos (como cámaras de seguridad y enrutadores) a través del malware **Mirai**.

- **Método**: Mirai escaneó internet en busca de dispositivos IoT vulnerables que usaban credenciales de fábrica y los infectó, formando una botnet. La botnet luego lanzó un ataque de volumen que afectó a Dyn, provocando que el DNS fallara y que sitios de todo el mundo quedaran inoperantes.

- **Impacto**: Este ataque puso de manifiesto la vulnerabilidad de los dispositivos IoT y su potencial para ser utilizados en ataques DDoS. Fue un recordatorio importante de la necesidad de seguridad en dispositivos conectados.

Caso GitHub (2018)

En 2018, el sitio de desarrollo colaborativo GitHub sufrió el ataque DDoS más grande registrado hasta esa fecha, con un volumen de tráfico que alcanzó 1,35 Tbps. El ataque empleó una técnica llamada **amplificación de memcached**, en la que los atacantes explotaron servidores memcached mal configurados para aumentar el volumen del ataque.

- **Método**: Los atacantes enviaron solicitudes falsificadas a los servidores memcached, que a su vez respondieron con grandes volúmenes de datos al sitio web de GitHub, amplificando la cantidad de tráfico recibido.

- **Impacto**: GitHub pudo mitigar el ataque en pocos minutos gracias a su infraestructura de defensa, pero el ataque demostró la capacidad de los ciberdelincuentes para lanzar ataques masivos en poco tiempo.

Estrategias de Defensa contra Ataques DDoS

Para protegerse contra los ataques DDoS, las organizaciones deben adoptar una combinación de medidas preventivas y tecnologías de mitigación que permitan gestionar el tráfico malicioso y minimizar el impacto en los servicios legítimos.

Implementación de Firewalls y Sistemas de Detección de Intrusos (IDS)

Los firewalls y los sistemas IDS pueden monitorear y filtrar el tráfico de red en busca de patrones de ataque DDoS. Si bien los firewalls no detendrán un ataque de gran escala, ayudan a reducir el tráfico malicioso en las primeras etapas del ataque.

Servicios de Mitigación de DDoS

Muchas empresas optan por contratar servicios especializados en mitigación de DDoS, que cuentan con infraestructura avanzada para detectar y desviar el tráfico de ataque antes de que llegue a la red de la organización. Estos servicios pueden incluir soluciones basadas en la nube que escalan automáticamente para manejar grandes volúmenes de tráfico malicioso.

Redes de Distribución de Contenido (CDN)

Las **CDNs** distribuyen el contenido de un sitio web en varios servidores alrededor del mundo, lo que reduce la carga en un solo servidor y mejora la capacidad de respuesta en caso de un ataque. Las CDNs también pueden ofrecer capacidades de mitigación DDoS al redirigir el tráfico y limitar el impacto en la infraestructura principal de la organización.

Balanceo de Carga

El uso de **balanceadores de carga** permite distribuir el tráfico entre varios servidores para evitar que un solo servidor se vea abrumado. El balanceo de carga es una técnica efectiva para manejar picos de tráfico y reducir el riesgo de colapso de la infraestructura.

Escalabilidad y Resiliencia en la Infraestructura de la Nube

Las plataformas en la nube ofrecen la capacidad de escalar la infraestructura en tiempo real para adaptarse al volumen de tráfico. Esto permite que los sistemas absorban los picos de tráfico causados por un ataque DDoS sin interrumpir el servicio.

Implementación de Políticas de Tasa de Límite (Rate Limiting)

Las políticas de tasa de límite pueden restringir la cantidad de solicitudes que un usuario puede realizar en un periodo determinado. Esto limita el impacto de los ataques de capa de aplicación, como los ataques HTTP flood, al impedir que un único usuario o dirección IP envíe una gran cantidad de solicitudes.

Los ataques DDoS representan una amenaza constante para la disponibilidad de los servicios en línea y pueden tener un impacto devastador en las organizaciones, tanto en términos financieros como de reputación. Las estrategias de defensa y las tecnologías de mitigación de DDoS son esenciales para garantizar que los sistemas permanezcan operativos, incluso en situaciones de ataque. La implementación de soluciones como las CDNs, los servicios de mitigación en la nube y los firewalls ayuda a minimizar el riesgo de interrupciones y a proteger los activos.

Capitulo 3:

Estrategias de defensa en ciberseguridad

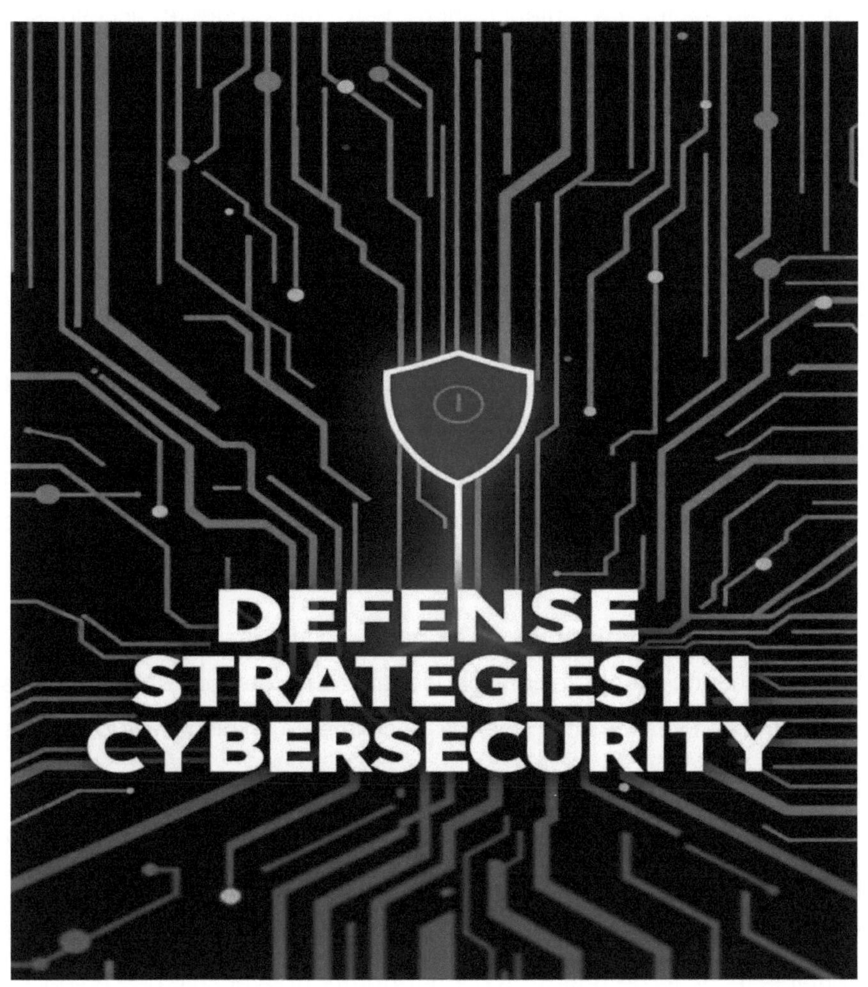

Autenticación Multifactorial y Encriptación: La Primera Línea de Defensa

La **autenticación multifactorial (MFA)** se ha convertido en un estándar para asegurar que el acceso a cuentas y sistemas críticos esté debidamente protegido. A diferencia de la autenticación tradicional, que solo depende de una **contraseña**, la MFA exige al usuario proporcionar más de un factor de autenticación. Esto hace que el acceso sea significativamente más difícil para los atacantes, incluso si logran obtener una de las credenciales del usuario. Los factores comúnmente utilizados incluyen:

- **Algo que el usuario sabe**: una contraseña o PIN. Aunque es el factor más común, no es suficiente por sí sola debido a su vulnerabilidad frente a ataques como **phishing** o **fuerza bruta**.

- **Algo que el usuario tiene**: un token de seguridad, tarjeta inteligente o aplicación de autenticación (como Google Authenticator o Authy). Estas aplicaciones generan códigos temporales que deben ser introducidos junto con la contraseña, lo que añade una capa extra de seguridad.

- **Algo que el usuario es**: la biometría, como las huellas dactilares, el reconocimiento facial o la identificación del iris. Estos factores son cada vez más comunes, especialmente en dispositivos móviles y sistemas de alta seguridad.

La MFA es una defensa crucial contra muchos tipos de ataques, en especial aquellos que se centran en la **suplantación de identidad**. Aunque la contraseña de un usuario puede ser fácilmente obtenida mediante técnicas de **phishing** o **keylogging**, un atacante que no posea el segundo factor, como el teléfono móvil del usuario, no podrá completar el acceso.

Beneficios adicionales de la MFA incluyen:

- **Reducción de los riesgos de acceso no autorizado**: Incluso si un atacante obtiene la contraseña, necesitaría el segundo factor de autenticación.

- **Mayor protección en servicios críticos**: La MFA es especialmente importante en plataformas como bancos, servicios de correo electrónico y redes sociales, donde un acceso no autorizado puede tener consecuencias graves.

- **Cumplimiento normativo**: Muchas regulaciones y estándares de seguridad, como **PCI-DSS** y **GDPR**, requieren la implementación de MFA para proteger la información personal y financiera de los usuarios.

Por otro lado, la **encriptación** es un proceso fundamental que garantiza la confidencialidad e integridad de los datos, incluso si estos son interceptados. La encriptación se aplica tanto a los datos **en tránsito** (cuando viajan a través de redes) como a los datos **en reposo** (cuando se almacenan en discos, bases de datos, etc.). Existen diversos tipos de algoritmos de encriptación, pero los más comunes y robustos incluyen:

- **AES (Advanced Encryption Standard)**: Este algoritmo de encriptación simétrica es ampliamente utilizado y se considera altamente seguro. En AES, la misma clave es utilizada para encriptar y desencriptar los datos, y su variante AES-256 es una de las más recomendadas debido a su nivel de seguridad.

- **RSA (Rivest-Shamir-Adleman)**: Un algoritmo de encriptación asimétrica que usa un par de claves públicas y privadas. La clave pública se usa para encriptar datos, mientras que la clave privada se utiliza para desencriptarlos. Es comúnmente utilizado en aplicaciones como **SSL/TLS** para proteger la comunicación web.

- **TLS/SSL (Transport Layer Security/Secure Sockets Layer)**: Aunque SSL ya no se considera completamente seguro, TLS sigue siendo la tecnología utilizada para asegurar las comunicaciones a través de la web. TLS encripta la conexión entre el servidor y el cliente, evitando que los atacantes puedan interceptar o modificar la información transmitida.

La encriptación no solo garantiza la **confidencialidad** de la información, sino que también protege contra la **integridad** de los datos, evitando que puedan ser alterados sin que sea detectado. Para garantizar un nivel adecuado de protección, es fundamental utilizar protocolos y algoritmos de encriptación actualizados, y también asegurarse de que las claves de encriptación sean gestionadas de manera segura.

Importancia de la gestión de claves de encriptación:

- **Rotación y almacenamiento seguro**: Las claves de encriptación deben rotarse regularmente y almacenarse de forma segura, utilizando herramientas como **HSMs (Hardware Security Modules)**, que permiten un manejo más robusto de las claves.

- **Respaldo y recuperación**: Es crucial contar con mecanismos de respaldo de claves y políticas de recuperación ante desastres, ya que perder las claves de encriptación puede resultar en la pérdida irreversible de datos.

Firewalls, IDS y IPS: Herramientas para Monitoreo y Prevención

Las herramientas de monitoreo y prevención, como los **firewalls**, los **Sistemas de Detección de Intrusiones (IDS)** y los **Sistemas de Prevención de Intrusiones (IPS)**, son componentes fundamentales en cualquier estrategia de defensa cibernética. Estas tecnologías trabajan en conjunto para proteger la infraestructura de red y los sistemas, asegurando que el tráfico legítimo fluya sin problemas, mientras que se bloquea el acceso malicioso y se detectan actividades sospechosas.

Firewalls

Los **firewalls** actúan como un **filtro** entre las redes internas y externas, controlando el tráfico que entra y sale. Pueden ser **hardware** o **software**, y su función principal es aplicar reglas predefinidas para permitir o denegar conexiones según el tipo de tráfico, dirección IP, puerto, protocolo y otros factores.

Existen diferentes tipos de firewalls, entre ellos:

* **Firewalls de filtrado de paquetes (Packet Filtering Firewalls)**: Estos firewalls inspeccionan los paquetes de datos que pasan a través de la red y los filtran en función de reglas predeterminadas. Si el paquete cumple con los criterios establecidos (por ejemplo, dirección IP, puerto o protocolo), se permite el acceso; de lo contrario, se bloquea.

* **Firewalls de inspección profunda de paquetes (Deep Packet Inspection - DPI)**: Estos son más avanzados que los firewalls tradicionales, ya que no solo revisan las cabeceras de los paquetes de datos, sino también el contenido del paquete en busca de patrones de amenazas o virus. Esto permite detectar ataques más sofisticados.

- **Firewalls de próxima generación (NGFW - Next-Generation Firewalls)**: Son una evolución de los firewalls tradicionales e incluyen capacidades avanzadas como la inspección de tráfico cifrado, la integración de inteligencia de amenazas, y la capacidad de identificar y bloquear aplicaciones y comportamientos maliciosos, como el **C2 (Command and Control)** de los botnets.

Los firewalls ayudan a prevenir accesos no autorizados y son esenciales en la creación de una **zona desmilitarizada (DMZ)** en la infraestructura de red, separando redes públicas (como Internet) de redes internas (como la intranet corporativa).

Sistemas de Detección de Intrusiones (IDS)

Un **IDS** es un sistema que monitorea el tráfico de red o los sistemas informáticos en busca de **comportamientos sospechosos** que puedan indicar un intento de ataque o intrusión. El objetivo de un IDS es **detectar** los ataques en tiempo real, pero no bloquearlos de forma automática. En cambio, un IDS genera **alertas** para que los administradores de seguridad puedan revisar y tomar medidas correctivas.

Existen dos tipos principales de IDS:

- **IDS basado en red (NIDS - Network IDS)**: Monitorea el tráfico que circula a través de la red, buscando patrones o anomalías que coincidan con las firmas de ataques conocidos (como escaneos de puertos o tráfico de bots).

- **IDS basado en host (HIDS - Host IDS)**: Monitorea eventos específicos dentro de un host o dispositivo, como registros del sistema operativo, acceso a archivos y cambios en el software. Es eficaz para detectar ataques internos o aquellos dirigidos a vulnerabilidades específicas de un dispositivo.

Los IDS pueden identificar una amplia gama de amenazas, como **escaneos de puertos**, **exploits** de vulnerabilidades, **intentos de elevación de privilegios**, entre otros. Sin embargo, su capacidad para prevenir intrusiones está limitada, ya que no tienen la capacidad de bloquear el tráfico de manera automática. Su principal función es la **detección temprana** de amenazas.

Sistemas de Prevención de Intrusiones (IPS)

Los **IPS** son similares a los IDS, pero con una diferencia clave: **no solo detectan** los ataques, sino que **previenen** activamente el acceso malicioso bloqueando el tráfico **en tiempo real**. Cuando el IPS detecta una amenaza, interrumpe la conexión del atacante o bloquea el paquete malicioso antes de que pueda hacer daño a la red.

El IPS puede actuar de diferentes formas:

- **IPS de firma**: Utiliza una base de datos de firmas de ataques conocidos y compara el tráfico con estas firmas. Si el tráfico coincide con una firma de ataque, el IPS bloquea el tráfico sospechoso.

* **IPS basado en anomalías**: En lugar de buscar firmas conocidas, el IPS analiza el comportamiento de la red y crea un perfil normal del tráfico. Si detecta una desviación significativa de este patrón, lo clasifica como un ataque potencial y bloquea el tráfico.

* **IPS híbrido**: Combina características de ambos enfoques, utilizando tanto la detección de firmas como el análisis de anomalías para mejorar la detección y prevención de amenazas.

Importancia y Diferencias Clave

* **Firewalls**: Proporcionan una barrera básica que permite el tráfico legítimo y bloquea el tráfico no autorizado. Son la primera línea de defensa y deben estar bien configurados.

* **IDS**: Se enfocan en la detección de comportamientos sospechosos y alertan a los administradores, pero no previenen automáticamente los ataques. Son esenciales para detectar ataques de **día cero** o amenazas nuevas.

* **IPS**: Ofrecen una capa más avanzada de protección, ya que no solo detectan las amenazas, sino que también actúan para prevenir que las amenazas lleguen a afectar el sistema o la red.

En resumen, mientras que los **firewalls** protegen las redes y los **IDS/IPS** se centran en la detección y prevención de intrusiones, juntos forman un sistema integral de defensa que proporciona monitoreo constante, prevención de accesos no autorizados y la capacidad de detectar y mitigar ataques en tiempo real.

Concientización y Formación: Preparando al Personal para Defenderse

La **concientización** y **formación en ciberseguridad** son componentes fundamentales para una estrategia integral de seguridad. Aunque las tecnologías avanzadas como firewalls, IDS, IPS, y autenticación multifactorial son esenciales para proteger los sistemas, el eslabón más débil en la cadena de defensa sigue siendo **el ser humano**. Los atacantes a menudo explotan las vulnerabilidades humanas a través de tácticas como **phishing, ingeniería social** y **errores operativos**. Es por esto que una **educación continua** y una **cultura organizacional centrada en la seguridad** son cruciales para mitigar los riesgos.

Concientización sobre ciberseguridad

concientización en ciberseguridad implica sensibilizar a los empleados sobre las amenazas y prácticas de seguridad que deben adoptar en su día a día. Un programa efectivo de concientización tiene varios objetivos, entre ellos:

- **Reconocer las amenazas**: Los empleados deben ser capaces de identificar diferentes tipos de ciberataques, como **phishing, malware, ransomware, ataques DDoS**, y cómo pueden protegerse frente a ellos.

  - **Phishing**: El entrenamiento debe incluir ejemplos de correos electrónicos fraudulentos y cómo evitarlos, como verificar la autenticidad del remitente, no hacer clic en enlaces sospechosos y no descargar archivos adjuntos de fuentes no confiables.

- ○ **Ransomware**: Explicar cómo este tipo de ataque puede llegar a través de correos electrónicos, sitios web maliciosos o enlaces infectados, y cómo protegerse haciendo copias de seguridad regulares y actualizando el software.

- **Buenas prácticas**: Enseñar prácticas básicas de seguridad que los empleados deben seguir en su vida profesional y personal, como el uso de **contraseñas fuertes**, el **cambio periódico de contraseñas**, y la **autenticación multifactorial**.
  - ○ **Contraseñas fuertes**: Los empleados deben entender la importancia de no reutilizar contraseñas y de usar combinaciones de letras, números y caracteres especiales.
  - ○ **Autenticación multifactorial (MFA)**: Reforzar que la activación de la MFA agrega una capa extra de seguridad, especialmente en servicios críticos.

- **Políticas y normativas de seguridad**: Los empleados deben estar familiarizados con las políticas de seguridad de la organización, como las reglas sobre el uso de dispositivos personales en la red corporativa (BYOD), la clasificación y protección de la información sensible, y las pautas para el uso de redes Wi-Fi públicas.

Formación en Ciberseguridad

La formación en ciberseguridad va más allá de la concientización y proporciona a los empleados los conocimientos técnicos y las habilidades necesarias para gestionar las amenazas de forma efectiva. Esto incluye tanto la formación básica para todos los empleados como la capacitación avanzada para roles específicos, como administradores de sistemas y personal de TI.

- **Capacitación básica**: En esta formación, los empleados aprenden los conceptos fundamentales de la ciberseguridad, cómo identificar correos electrónicos fraudulentos, cómo manejar información confidencial y cómo responder ante incidentes. Además, se debe enseñar sobre el uso de herramientas de seguridad básicas, como antivirus y **firewalls personales**.

- **Formación avanzada**: Este tipo de formación está dirigida a personal de TI y profesionales de ciberseguridad. Incluye temas más técnicos como la **configuración de firewalls**, la **gestión de incidentes**, el análisis forense de ciberataques y la protección de infraestructuras críticas. También es importante enseñar sobre **criptografía**, **monitorización de redes** y el uso de **sistemas de detección y prevención de intrusiones (IDS/IPS)**.

- **Simulaciones de ataque**: Realizar ejercicios prácticos de **simulación de ataques** como ataques de phishing, **simulacros de incidentes de seguridad** o pruebas de penetración (pen tests) permite a los empleados experimentar en tiempo real cómo reaccionar ante un ciberataque. Esto también ayuda a mejorar la capacidad de respuesta y a identificar debilidades en los sistemas de defensa.

- **Gestión de incidentes**: Entrenar al personal sobre cómo responder ante un incidente de seguridad es esencial. Esto incluye identificar el ataque, reportarlo, tomar medidas inmediatas para mitigar los daños y coordinar la respuesta con otros departamentos y expertos. Se debe implementar un **plan de respuesta ante**

incidentes que detalle los procedimientos a seguir en caso de una brecha de seguridad.

Cultura organizacional de seguridad

Fomentar una **cultura organizacional de ciberseguridad** significa integrar la seguridad en todos los aspectos de la empresa, desde la toma de decisiones hasta las operaciones diarias. Esto incluye:

- **Compromiso de la alta dirección**: Los líderes de la organización deben dar el ejemplo en cuanto a la importancia de la ciberseguridad y demostrar un compromiso activo con la protección de los activos digitales. La seguridad debe estar integrada en los objetivos y políticas de la empresa.

- **Refuerzo positivo**: Recompensar y reconocer a los empleados que sigan las buenas prácticas de ciberseguridad puede motivar a otros a hacer lo mismo. Esto puede incluir incentivos o reconocimientos formales a quienes demuestren ser ejemplos en la implementación de prácticas de seguridad.

- **Actualización continua**: Dado que las amenazas cibernéticas evolucionan rápidamente, es fundamental que la formación y concientización sean **continuas** y que se realicen actualizaciones periódicas sobre nuevas amenazas, tecnologías y protocolos de seguridad. Además, se debe ofrecer formación adicional a los empleados siempre que se implementen nuevas herramientas o procesos de seguridad.

Beneficios de la Concientización y Formación

1. **Reducción de incidentes de seguridad**: Al entrenar adecuadamente al personal, se disminuye la probabilidad de que los empleados caigan en trampas de ingeniería social, como el phishing.

2. **Respuestas rápidas y eficaces**: Un personal bien formado puede identificar, mitigar y reportar rápidamente las amenazas, minimizando el impacto de los incidentes.

3. **Cumplimiento normativo**: La formación en seguridad también ayuda a las organizaciones a cumplir con regulaciones y estándares de seguridad, como **GDPR** o **PCI-DSS**, que requieren que los empleados reciban capacitación en protección de datos.

La **concientización y formación** en ciberseguridad son pilares fundamentales de cualquier estrategia de defensa cibernética. Al capacitar al personal y fomentar una cultura organizacional de seguridad, las empresas no solo protegen sus activos digitales, sino que también empoderan a sus empleados para que actúen como una **primera línea de defensa** contra las amenazas cibernéticas.

Capítulo 4:

Gestión de Incidentes y Respuesta ante Ciberataques

Detección Temprana: Identificando los Signos de un Incidente

La **detección temprana** es uno de los pilares más importantes de una respuesta eficaz ante ciberataques. Detectar un incidente lo más rápido posible permite minimizar el daño, contener la amenaza y activar los planes de respuesta de manera eficiente. Para lograr una detección temprana efectiva, es esencial tener un sistema de monitoreo adecuado, así como la capacidad de identificar patrones o comportamientos inusuales en los sistemas y redes.

Monitoreo Continuo de la Infraestructura

El monitoreo continuo es esencial para detectar actividades sospechosas antes de que evolucionen en un incidente de mayor escala. Los sistemas deben estar configurados para proporcionar visibilidad total de los componentes de infraestructura y las aplicaciones.

- **Sistemas de Monitoreo de Red (NMS)**: Estas herramientas permiten observar el tráfico de red en tiempo real, identificar aumentos inusuales de volumen de datos o patrones anómalos en la comunicación entre dispositivos. Por ejemplo, en un ataque **DDoS**, el sistema podría detectar un aumento drástico en el tráfico entrante hacia un servidor, indicando un intento de saturación de la red.

- **Sistemas de Monitoreo de Aplicaciones**: Las aplicaciones también necesitan ser monitoreadas para detectar comportamientos anómalos, como solicitudes de acceso inusuales o comportamientos de usuarios maliciosos. Los **Sistemas de Detección de Intrusiones (IDS)** pueden identificar patrones que sugieren que un atacante está explorando vulnerabilidades dentro de una aplicación web, como un ataque **SQL Injection**.

- **Monitoreo de Integridad de Archivos y Registros**: Las herramientas que monitorean la **integridad de archivos** pueden detectar cambios no autorizados o la adición de archivos maliciosos. Los **logs** del sistema (registros de eventos) son fundamentales para la detección temprana de un ataque, ya que cada acción dentro de un sistema genera registros detallados. Monitorear estos registros puede indicar actividad no autorizada, como intentos de acceso o modificación de archivos importantes.

Análisis de Logs y Datos de Eventos

Los **logs** generados por servidores, aplicaciones y dispositivos de red son una fuente invaluable para la detección temprana. El análisis de estos logs puede ayudar a identificar comportamientos inusuales que podrían ser indicativos de un ataque.

- **Análisis de Logs en Tiempo Real**: El uso de herramientas como **SIEM (Security Information and Event Management)** permite la recopilación y correlación de logs en tiempo real. Las soluciones SIEM pueden identificar patrones anómalos, como el acceso a archivos o sistemas fuera de horas normales, múltiples intentos fallidos de inicio de sesión o cambios no autorizados en configuraciones críticas.

- **Análisis de Logs de Seguridad**: Los logs de **firewalls, sistemas IDS/IPS** y **antivirus** proporcionan información clave sobre posibles intentos de intrusión, tráfico malicioso detectado y otros signos de actividad sospechosa. Los logs también pueden contener detalles sobre la ubicación, el tipo de ataque y los recursos comprometidos, lo cual es crucial para una respuesta rápida.

Indicadores de Compromiso (IoCs)

Los **Indicadores de Compromiso (IoCs)** son artefactos que pueden señalar que una red o sistema ha sido comprometido. Estos pueden incluir direcciones IP maliciosas, firmas de malware, hashes de archivos corruptos o dominios maliciosos. Tener una base de datos de IoCs actualizada y monitorear estos indicadores en la infraestructura ayuda a detectar compromisos de seguridad rápidamente.

- **IoCs Comunes**: Algunos ejemplos incluyen:
  - **Direcciones IP** de servidores de comando y control utilizados por los atacantes.
  - **URLs o dominios** relacionados con el malware o las actividades del atacante.
  - **Hashes de archivos maliciosos** que coinciden con el malware conocido.
  - **Señales de ejecución anómala** de scripts o procesos desconocidos.

La implementación de sistemas que puedan realizar búsquedas automáticas en los **logs** de red o en bases de datos de IoCs puede mejorar significativamente la capacidad de detectar incidentes a tiempo.

Comportamiento Anómalo de los Usuarios

Muchos ciberataques, como **phishing**, **suplantación de identidad** o **movimiento lateral** (cuando un atacante se desplaza dentro de una red después de comprometer un sistema), suelen comenzar con el acceso legítimo de un usuario comprometido. Monitorear el comportamiento de los usuarios puede proporcionar señales tempranas de que un sistema ha sido infiltrado.

- **Análisis de Comportamiento de Usuarios (UBA)**: Las herramientas de análisis de comportamiento, o **UEBA (User and Entity Behavior Analytics)**, permiten identificar patrones anómalos en las actividades de los usuarios, como un volumen inusual de descargas, acceso a recursos no autorizados o logins desde ubicaciones geográficas inusuales.

- **Autenticación y Acceso**: Un aumento en los intentos fallidos de inicio de sesión, el uso de credenciales desde dispositivos no reconocidos o en ubicaciones inusuales, o el acceso a datos fuera del horario habitual son señales que deben ser monitoreadas de cerca. Estos comportamientos pueden indicar un **ataque de fuerza bruta**, un intento de **suplantación de identidad** o la presencia de **malware** que ha comprometido las credenciales.

Indicadores de Malware y Programas Maliciosos

Los ataques de **malware** pueden tomar muchas formas, desde virus simples hasta **ransomware** sofisticado. Identificar la presencia de malware de manera temprana es fundamental para mitigar los efectos de un ataque.

- **Firma de Malware**: Las soluciones de antivirus y herramientas de detección de malware pueden identificar archivos maliciosos en los sistemas y sus firmas características. Los archivos o procesos que no coinciden con la firma de software legítimo deben ser investigados de inmediato.

- **Comportamiento del Malware**: Los **sandboxing** y las herramientas de análisis dinámico pueden ayudar a detectar el comportamiento del malware, como la comunicación con servidores de comando y control, o la modificación de archivos y configuraciones del sistema. Los programas de malware pueden intentar ocultarse, por lo que monitorear procesos y cambios en los archivos críticos es fundamental.

Herramientas Avanzadas para la Detección Temprana

Para mejorar la detección temprana, las organizaciones pueden utilizar herramientas avanzadas de ciberseguridad que integran múltiples fuentes de datos y análisis automatizados para identificar patrones sospechosos más rápidamente.

- **Inteligencia Artificial (IA) y Aprendizaje Automático (ML)**: Las soluciones basadas en IA y ML están diseñadas para aprender patrones normales en el tráfico de red y las actividades del sistema. Al analizar grandes cantidades de datos, estas herramientas pueden identificar comportamientos anómalos o nuevas tácticas utilizadas por los atacantes, incluso si no se han documentado previamente.

- **Análisis Predictivo**: El análisis predictivo puede ayudar a predecir posibles vectores de ataque basándose en tendencias históricas y datos actuales. Esto puede permitir a las organizaciones anticiparse a los ataques y tomar medidas preventivas antes de que se materialicen.

La **detección temprana** depende de un monitoreo constante, análisis efectivo de los logs, el uso de herramientas de inteligencia de amenazas, y la capacidad para identificar patrones anómalos en el comportamiento del sistema o de los usuarios. Contar con una infraestructura robusta de **monitoreo y análisis** ayuda a identificar posibles ataques en sus primeras etapas y a tomar las medidas adecuadas para mitigar los riesgos. Si se implementa correctamente, una detección temprana puede reducir significativamente el impacto de un ciberataque y facilitar una respuesta rápida y eficiente.

Plan de Respuesta: ¿Cómo Actuar Durante un Ciberataque?

Cuando una organización se enfrenta a un ciberataque, es esencial tener un **plan de respuesta** bien definido para mitigar los daños y restaurar las operaciones lo más rápido posible. La falta de un plan estructurado puede resultar en una reacción desorganizada, lo que incrementa la duración del ataque y el impacto en los activos digitales de la empresa. Un plan de respuesta debe ser claro, escalable y alineado con los objetivos de seguridad de la organización.

Preparación y Planificación: La Base de la Respuesta Eficaz

Antes de que ocurra un ciberataque, la organización debe tener un plan de respuesta a incidentes bien estructurado. Este plan debe definir roles, responsabilidades y procedimientos detallados para cada posible tipo de incidente. El objetivo es estar completamente preparado para actuar con rapidez y eficiencia.

- **Definición de Roles y Responsabilidades**: Un **equipo de respuesta ante incidentes** (IRT, por sus siglas en inglés) debe ser designado con antelación. Este equipo estará compuesto por expertos en ciberseguridad, IT, legal, comunicaciones y gestión, y cada miembro debe tener tareas y responsabilidades claramente asignadas. Esto incluye a personal que se encargue de la comunicación interna y externa, personal que administre las soluciones tecnológicas, y otros que gestionen los aspectos legales o de cumplimiento normativo.

- **Procedimientos Claros de Comunicación**: El plan debe establecer cómo se comunicará la organización durante y después del ataque. Esto incluye tanto la **comunicación interna** (para informar a los empleados sobre el ataque y las medidas a seguir) como la **comunicación externa** (con clientes, socios, y reguladores). La transparencia es clave para mantener la confianza de los stakeholders durante un ataque.

- **Simulacros y Entrenamiento Continuo**: La formación regular del personal es crucial. Realizar **simulacros de respuesta ante incidentes** permite que el equipo se familiarice con el proceso y pueda identificar áreas de mejora. Estos ejercicios también ayudan a que todos los miembros del equipo entiendan su papel específico durante el incidente.

Detección del Incidente: Primeros Pasos al Detectar un Ataque

La detección temprana de un incidente es fundamental, pero también lo es la respuesta inicial adecuada. Una vez que se detecta un ataque, debe activarse el **plan de respuesta**. Los primeros pasos son cruciales para contener el daño y prevenir la escalada del ataque.

- **Confirmación del Incidente**: A veces, las alertas pueden ser falsas, por lo que es necesario verificar si realmente se trata de un incidente. Esto se puede hacer mediante la revisión de los logs de sistema, la verificación de las alertas de **IDS/IPS** o mediante el análisis de las alertas de tráfico anómalo en la red. Un ataque puede incluir indicadores como accesos no autorizados a sistemas o aplicaciones, cambios inesperados en archivos o configuraciones, o actividad inusual en las redes.

- **Activación del Plan de Respuesta**: Una vez confirmado que es un incidente, se debe activar el plan de respuesta y notificar inmediatamente a todos los miembros del equipo de respuesta. El plan debe prever cómo escalar el incidente según su gravedad (desde un ataque pequeño hasta un ataque a gran escala que afecte la infraestructura crítica).

Contención: Limitar el Alcance del Ataque

La **contención** busca aislar el ataque para evitar que se propague o cause más daño. Dependiendo del tipo de ataque, las medidas de contención pueden variar, pero el objetivo común es mitigar el impacto en la infraestructura.

- **Aislar las Máquinas o Redes Afectadas**: Si el ataque ha afectado a un sistema específico, como un servidor o una estación de trabajo, puede ser necesario **desconectar** este sistema de la red para evitar que el ataque se propague a otros dispositivos o sistemas. En el caso de ataques de **ransomware**, se debe evitar que el malware se extienda a otras máquinas a través de la red compartida.

- **Aplicación de Reglas de Firewall**: Durante un ataque, puede ser útil aplicar reglas específicas de firewall para bloquear tráfico malicioso o de ciertos orígenes conocidos como maliciosos (direcciones IP, puertos, protocolos). Esto ayuda a limitar la comunicación entre los sistemas comprometidos y los atacantes, lo que podría reducir el daño.

- **Bloqueo de Cuentas de Usuario Comprometidas**: Si el ataque implica el uso de credenciales comprometidas, se deben bloquear inmediatamente las cuentas de usuario que están siendo explotadas por los atacantes. Esto puede implicar restablecer contraseñas, aplicar **autenticación multifactorial (MFA)**, o desactivar temporalmente las cuentas comprometidas.

Erradicación: Eliminar la Amenaza

La **erradicación** consiste en eliminar por completo la amenaza del sistema. Es un paso crucial para asegurar que el ataque no pueda reiniciarse o afectar a la infraestructura nuevamente.

- **Eliminación del Malware**: Si se ha identificado que un **malware** ha infiltrado el sistema, el equipo de respuesta debe proceder a eliminar cualquier código malicioso o componente infectado. Esto puede incluir la eliminación de archivos, la limpieza de registros de malware, y el uso de herramientas antivirus o de **sandboxing** para asegurar que el sistema esté limpio.

- **Reparación de Vulnerabilidades**: Se deben identificar las **vulnerabilidades** que los atacantes explotaron para comprometer el sistema. Esto incluye la corrección de parches de seguridad faltantes, la mejora de las configuraciones de seguridad o la actualización de contraseñas comprometidas. Asegurarse de que la infraestructura no tenga puertas traseras que los atacantes pudieran haber dejado es esencial.

Recuperación: Volver a la Normalidad

Después de la erradicación de la amenaza, el objetivo es **restaurar las operaciones** lo más rápido posible, asegurando al mismo tiempo que los sistemas sean seguros.

- **Restauración de Sistemas y Datos**: Se deben restaurar los sistemas desde las **copias de seguridad** más recientes que se sabe que no están comprometidas. Es importante validar que los sistemas restaurados estén libres de malware y que no haya persistencia de la amenaza. Las bases de datos, archivos y aplicaciones deben ser revisados cuidadosamente antes de ser restaurados a la producción.

- **Pruebas de Funcionalidad**: Una vez que los sistemas sean restaurados, deben ser exhaustivamente probados para asegurarse de que las aplicaciones, servicios y redes vuelvan a operar como se espera sin fallos ni vulnerabilidades adicionales.

Lecciones Aprendidas: Mejorando la Defensa para el Futuro

Una vez que el incidente ha sido contenido y las operaciones se han restaurado, es fundamental llevar a cabo una **revisión post-incidente** para aprender de la experiencia y mejorar las defensas en el futuro.

- **Análisis Forense**: Un análisis detallado del incidente debe ser realizado para entender cómo ocurrió el ataque, qué técnicas utilizaron los atacantes y qué debilidades en los sistemas permitieron el acceso no autorizado. Este análisis forense ayuda a identificar lecciones importantes y áreas que necesitan mejorar.

- **Revisión y Actualización del Plan de Respuesta**: A medida que se aprende de los incidentes, el plan de respuesta debe actualizarse. Los procedimientos de detección, contención, erradicación y recuperación deben mejorarse en función de la experiencia y las nuevas amenazas emergentes.

- **Entrenamiento Continuo**: Basándose en las lecciones aprendidas, las organizaciones deben mejorar los entrenamientos para el personal y realizar más simulacros. Esto ayudará a que el equipo de respuesta esté más preparado para futuras amenazas.

Comunicación Post-Incidente

Una parte esencial de la respuesta a un ciberataque es la **gestión de la comunicación**. Es fundamental comunicar de manera efectiva tanto a nivel interno como externo.

- **Internamente**, los empleados deben ser informados sobre el incidente y las medidas que deben tomar (por ejemplo, cambiar contraseñas, evitar ciertos sitios web). Además, los **gerentes y ejecutivos** deben tener acceso a información detallada sobre el impacto y las acciones tomadas.

- **Externamente**, los **clientes** y **socios** deben ser notificados de manera oportuna, especialmente si el ataque compromete datos sensibles. Es importante ser transparente sin revelar detalles que puedan comprometer la seguridad de la organización.

El **plan de respuesta ante incidentes** debe ser considerado como un proceso continuo de preparación, detección, respuesta, y mejora. Tener una estrategia bien definida y un equipo capacitado puede hacer la diferencia entre una respuesta eficaz que minimice los daños y una reacción desorganizada que agrave la situación. Una organización que tiene protocolos claros y es capaz de adaptarse rápidamente durante un ciberataque estará mucho mejor posicionada para reducir el impacto del incidente y aprender de cada experiencia.

Recuperación y Mejora Continua: Aprendiendo de los Incidentes

La **recuperación** tras un ciberataque es solo el primer paso en el proceso de restauración de la normalidad dentro de la organización. Sin embargo, la verdadera clave para protegerse de futuros incidentes radica en la **mejora continua** basada en las lecciones aprendidas del incidente. La recuperación no solo se centra en restaurar los servicios y sistemas, sino en garantizar que los mismos errores no se repitan y que las defensas de la organización sean cada vez más robustas.

Restauración de Servicios y Sistemas: Volver a la Normalidad

Después de contener y erradicar el ataque, la **recuperación** se convierte en una prioridad inmediata. Esto implica restaurar los sistemas y servicios afectados por el incidente para garantizar la continuidad operativa de la organización.

- **Restauración de Datos y Sistemas Afectados**: En la fase de recuperación, se deben restaurar los sistemas, servidores, aplicaciones y bases de datos comprometidos desde **copias de seguridad** previas al ataque. Es fundamental asegurarse de que las copias de seguridad estén actualizadas y sean fiables. También es necesario realizar pruebas exhaustivas para verificar que los sistemas restaurados están completamente funcionales y libres de malware.

- **Validación de la Integridad de los Sistemas**: Antes de permitir que los usuarios accedan a los sistemas restaurados, se deben realizar comprobaciones de seguridad para asegurar que no hay puertas traseras, vulnerabilidades o software malicioso persistente en la infraestructura.

- **Prueba de la Eficacia de las Soluciones de Contención y Erradicación**: Durante la recuperación, es importante validar que las medidas de contención y erradicación tomadas durante el ataque hayan sido efectivas y que los atacantes no tengan más acceso al sistema.

Lecciones Aprendidas: Análisis y Reflexión Post-Incidente

Una vez que se ha restaurado el entorno, es esencial llevar a cabo un proceso de **análisis post-incidente** para comprender cómo ocurrió el ataque y qué se pudo haber hecho mejor. Este análisis no solo ayuda a detectar las vulnerabilidades que fueron explotadas, sino también a fortalecer la defensa de la organización.

- **Análisis Forense del Incidente**: El análisis forense implica investigar en detalle cómo el ataque se llevó a cabo, identificar qué sistemas fueron comprometidos, qué métodos de ataque fueron utilizados y cuál fue el vector de entrada. Esta investigación ayuda a determinar si hubo brechas en las defensas que permitieron que los atacantes tuvieran acceso.

- **Identificación de las Causas Raíz**: Más allá de las acciones del atacante, es esencial entender las **causas raíz** del incidente. ¿Fue una vulnerabilidad de software? ¿Fueron fallos humanos? ¿Hubo fallas en los procedimientos de monitoreo o en las prácticas de seguridad interna? Identificar las causas raíz permite implementar soluciones a largo plazo que eviten que el mismo tipo de ataque se repita.

- **Revisión de la Respuesta del Equipo**: Evaluar cómo el equipo de respuesta manejó el incidente es clave para mejorar las capacidades organizacionales. Esto incluye revisar tiempos de reacción, comunicación interna, toma de decisiones y las medidas adoptadas para contener y erradicar la amenaza.

Mejora de las Defensas: Fortaleciendo la Seguridad

Con base en las lecciones aprendidas y el análisis post-incidente, la organización debe tomar medidas para **fortalecer sus defensas** y reducir las probabilidades de que un ataque similar vuelva a ocurrir. Esto implica mejorar tanto las **políticas de seguridad** como las **herramientas de protección**.

- **Actualización de Políticas de Seguridad**: Si el incidente reveló fallos en las políticas de seguridad, estas deben ser revisadas y actualizadas. Por ejemplo, es posible que las políticas de control de acceso, autenticación, o cifrado necesiten ser más estrictas. Es fundamental integrar cualquier cambio en las políticas dentro del marco general de **gestión de riesgos** de la organización.

- **Refuerzo de las Herramientas de Defensa**: Si el ataque aprovechó una vulnerabilidad en una herramienta de seguridad, como un firewall o un sistema de detección de intrusiones (IDS), debe considerarse su actualización o sustitución. Además, se deben integrar nuevas tecnologías de seguridad, como **inteligencia artificial** y **machine learning**, para mejorar la detección y respuesta ante amenazas futuras.

- **Implementación de Nuevas Capas de Seguridad**: La **defensa en profundidad** es esencial. Añadir nuevas capas de seguridad, como **autenticación multifactorial (MFA)**, **cifrado de extremo a extremo**, y tecnologías emergentes como **Zero Trust** puede ayudar a prevenir futuros ataques, incluso si un atacante logra penetrar una capa de defensa.

Entrenamiento y Concientización: Capacitar al Personal

Una de las lecciones más valiosas de cualquier incidente es la necesidad de **capacitar al personal** y mejorar la **concientización en seguridad**. Muchas veces, los ataques se aprovechan de la **interacción humana**, como en el caso de **phishing** o errores en la configuración de sistemas. Por lo tanto, es fundamental implementar un programa continuo de formación y sensibilización sobre ciberseguridad.

* **Programas de Formación Continua**: Asegurarse de que todos los empleados reciban capacitación regular sobre las mejores prácticas de seguridad y cómo detectar posibles amenazas es fundamental. La capacitación debe incluir cómo manejar contraseñas de forma segura, cómo identificar correos electrónicos sospechosos y qué hacer en caso de detectar actividad sospechosa.

* **Simulacros de Ciberseguridad**: Los **simulacros de ciberataques** permiten poner a prueba los conocimientos del personal en escenarios realistas. Esto incluye simulaciones de phishing, pruebas de intrusión y otros escenarios de ataque. Estos ejercicios ayudan a los empleados a mejorar su capacidad para reconocer y responder ante ciberamenazas.

* **Cultura Organizacional de Seguridad**: Crear una **cultura de seguridad** dentro de la organización es clave. Esto implica promover la idea de que la ciberseguridad es responsabilidad de todos, desde la alta dirección hasta los empleados de base. Fomentar una cultura de alerta y responsabilidad compartida aumenta las probabilidades de detectar un ataque antes de que cause un daño significativo.

Revisión y Actualización del Plan de Respuesta a Incidentes

Los ciberataques y las amenazas evolucionan rápidamente, por lo que el **plan de respuesta a incidentes** debe ser revisado y actualizado después de cada evento. La organización debe estar preparada para responder a nuevos tipos de amenazas o a ataques más sofisticados.

- **Evaluación Post-Incidente del Plan de Respuesta**: Luego de cada ataque, el plan de respuesta debe ser evaluado para determinar su eficacia. ¿Se siguieron los procedimientos establecidos? ¿Hubo retrasos? ¿Las herramientas de seguridad fueron adecuadas? Estas preguntas deben guiar la mejora continua del plan.

- **Ajuste de Procedimientos y Herramientas**: Con base en el análisis del incidente y la experiencia adquirida, los procedimientos de respuesta y las herramientas de defensa deben ser ajustados. Esto podría implicar la adopción de nuevas tecnologías, la actualización de protocolos de comunicación o la revisión de los roles dentro del equipo de respuesta.

Informe a los Stakeholders: Transparencia y Confianza

Una vez que el incidente ha sido manejado y las operaciones se han restaurado, es vital **informar a los stakeholders** de manera transparente sobre lo sucedido. Esto incluye tanto la **comunicación interna** (empleados) como la **externa** (clientes, proveedores, socios y reguladores).

- **Informe Post-Incidente**: El informe debe detallar qué ocurrió, cómo se manejó el incidente, qué medidas se tomaron para mitigar el daño y qué cambios se están implementando para prevenir futuros incidentes. La **transparencia** en la comunicación post-incidente es fundamental para mantener la confianza de los stakeholders.

- **Cumplimiento Regulatorio**: Dependiendo de la naturaleza del ataque, puede ser necesario cumplir con **requerimientos legales y regulatorios**, como la notificación de violaciones de datos a las autoridades de protección de datos. Las organizaciones deben asegurarse de cumplir con las leyes locales e internacionales en caso de incidentes que afecten datos sensibles.

La **recuperación** y la **mejora continua** son procesos esenciales que permiten a las organizaciones no solo superar los ciberataques, sino también fortalecer su seguridad a largo plazo. Aprender de los incidentes, implementar mejoras en las defensas, capacitar al personal y actualizar los planes de respuesta son pasos fundamentales para garantizar que la organización esté mejor preparada ante futuros desafíos cibernéticos. La ciberseguridad es un proceso continuo que exige adaptabilidad, proactividad y un enfoque estratégico.

Capítulo 5:

El Futuro de la Ciberseguridad: Tendencias y Nuevas Tecnologías

La ciberseguridad está evolucionando rápidamente para hacer frente a las amenazas cada vez más complejas y sofisticadas en un mundo digital interconectado. Este capítulo se enfoca en las tecnologías emergentes que están transformando la forma en que las organizaciones protegen sus activos más valiosos. A medida que los ciberataques se vuelven más sofisticados, las soluciones tradicionales ya no son suficientes. En este contexto, la **inteligencia artificial (IA)**, el **machine learning (ML)**, la **ciberdefensa proactiva** y la **ciberseguridad en la nube** se perfilan como elementos clave para el futuro de la protección cibernética.

Inteligencia Artificial y Machine Learning en la Protección Cibernética

La **Inteligencia Artificial (IA)** y el **Machine Learning (ML)** han emergido como herramientas clave en la defensa contra las amenazas cibernéticas. Ambas tecnologías están revolucionando la manera en que las organizaciones detectan, previenen y responden a los ataques, aportando capacidades avanzadas para manejar la creciente complejidad de los ciberataques modernos.

Introducción a la IA y el ML en Ciberseguridad

- **Inteligencia Artificial (IA):** Se refiere a la simulación de procesos de inteligencia humana mediante máquinas, especialmente sistemas informáticos. La IA en ciberseguridad se utiliza para realizar tareas de análisis y decisión que antes requerían intervención humana. La IA puede aprender patrones, detectar anomalías, prever amenazas y realizar decisiones autónomas en función de los datos que recibe.

- **Machine Learning (ML)**: Es un subcampo de la IA que se basa en la capacidad de las máquinas para aprender de los datos sin ser programadas explícitamente. A través de algoritmos, el ML permite que los sistemas se adapten y mejoren con el tiempo, a medida que procesan más información y se enfrentan a nuevas amenazas.

Ambas tecnologías se complementan, ya que el ML permite que los sistemas de IA mejoren continuamente su desempeño sin necesidad de intervención constante, lo que aumenta la eficacia de las defensas cibernéticas.

Aplicaciones Clave de la IA y el ML en Ciberseguridad

Detección de Amenazas y Anomalías en Tiempo Real

Una de las principales aplicaciones de la IA y el ML es la detección de amenazas. Los sistemas tradicionales a menudo luchan por identificar patrones de comportamiento anómalos debido a su dependencia de reglas predefinidas. Sin embargo, la IA y el ML pueden analizar grandes volúmenes de datos y detectar comportamientos inusuales o sospechosos en tiempo real, como actividad inusual en la red, conexiones no autorizadas, o patrones de tráfico que sugieren un ataque DDoS.

- **Algoritmos de Análisis Predictivo**: Mediante el uso de algoritmos de ML, los sistemas pueden prever ataques antes de que ocurran, basándose en patrones históricos y analizando señales de alerta tempranas que podrían pasar desapercibidas por los métodos tradicionales. Esto incluye la identificación de vulnerabilidades en aplicaciones, infraestructura y comportamientos de usuarios.

- **Detección de Intrusiones (IDS)**: Los sistemas de detección de intrusos tradicionales basan sus alertas en firmas conocidas de ataques. Sin embargo, el ML permite la creación de sistemas **IDS adaptativos** que pueden identificar patrones nuevos o desconocidos de ataque, ajustando su comportamiento a medida que aprenden.

Identificación de Malware y Ransomware

El malware y el ransomware son algunos de los tipos de amenazas más comunes, y los ataques que los utilizan pueden ser difíciles de detectar debido a su capacidad para evolucionar y camuflarse. Los sistemas basados en IA y ML pueden detectar estas amenazas con mayor precisión que los enfoques tradicionales, analizando archivos y comportamientos de software en busca de patrones que sugieren actividad maliciosa.

- **Clasificación de Malware**: Los modelos de ML pueden clasificar los archivos según su comportamiento y características, identificando rápidamente los archivos que podrían contener malware. Además, estos modelos son capaces de detectar malware no conocido previamente (zero-day) mediante el análisis de sus características y patrones de comportamiento.

- **Ransomware**: El ransomware utiliza técnicas sofisticadas para cifrar archivos y extorsionar a las víctimas. Los sistemas de IA y ML pueden detectar estos ataques analizando cambios repentinos en los archivos o en la red, y luego activar medidas de contención antes de que el ataque se complete.

Prevención Automática y Respuesta a Incidentes

La IA y el ML no solo ayudan a identificar y analizar amenazas, sino que también pueden automatizar las respuestas a incidentes. Cuando una amenaza es detectada, los sistemas pueden ejecutar acciones de respuesta sin intervención humana, como bloquear direcciones IP maliciosas, aislar máquinas comprometidas o detener ciertos procesos que podrían estar involucrados en un ataque.

- **Automatización de la Contención de Incidentes**: En caso de detectar una amenaza, los sistemas de IA pueden tomar decisiones automáticas para contener el ataque, como desconectar un servidor de la red o poner en cuarentena archivos sospechosos, reduciendo así el tiempo de exposición y los daños potenciales.

- **Respuestas Adaptativas**: Los sistemas de IA pueden aprender de incidentes anteriores y ajustar sus respuestas a medida que se enfrentan a nuevos tipos de amenazas. Esto implica una mejora continua en la eficacia de las respuestas y una mayor eficiencia en la protección cibernética.

Reducción de Falsos Positivos

Un desafío significativo en la ciberseguridad es la alta tasa de **falsos positivos**, donde los sistemas de seguridad generan alertas erróneas que pueden llevar a una sobrecarga de trabajo para los equipos de seguridad. Los sistemas basados en IA y ML tienen la capacidad de reducir significativamente estos falsos positivos, aprendiendo a distinguir entre amenazas reales y eventos benignos.

* **Filtrado Inteligente**: A medida que los sistemas procesan más datos, los algoritmos de ML mejoran su capacidad para filtrar las alertas, aumentando la precisión y reduciendo la cantidad de incidencias falsas que deben ser investigadas.

Gestión de Identidades y Accesos (IAM)

La gestión de identidades y accesos (IAM) es un componente crítico en la ciberseguridad, y las soluciones de IA y ML mejoran la capacidad de las organizaciones para gestionar quién tiene acceso a qué recursos, y cómo detectar accesos no autorizados. Los algoritmos de IA pueden analizar patrones de inicio de sesión y comportamiento para identificar a los usuarios que están actuando de manera sospechosa, incluso si no han violado reglas específicas.

* **Autenticación Adaptativa**: Los sistemas de IA pueden aplicar políticas de acceso basadas en el comportamiento del usuario y el contexto, lo que permite una autenticación adaptativa. Esto significa que el sistema puede solicitar una segunda verificación si detecta algo inusual, como el acceso desde una ubicación o dispositivo no habitual.

Desafíos y Consideraciones en el Uso de IA y ML en Ciberseguridad

Aunque la IA y el ML ofrecen soluciones poderosas, también existen desafíos y consideraciones importantes:

- **Falta de Transparencia (Caja Negra)**: Los algoritmos de IA y ML pueden ser complejos y opacos, lo que dificulta entender cómo toman decisiones. Esto puede ser un problema si los sistemas de seguridad hacen recomendaciones o toman acciones sin que los analistas de seguridad puedan interpretar fácilmente el razonamiento detrás de ellas.

- **Entrenamiento de Modelos**: Para que los sistemas basados en IA y ML sean efectivos, deben ser entrenados con grandes volúmenes de datos de alta calidad. Esto puede ser un desafío, ya que los datos deben ser representativos de las amenazas reales, y el proceso de entrenamiento puede ser costoso y consumir mucho tiempo.

- **Evolución de los Ataques**: A medida que los ciberdelincuentes también adoptan IA y ML en sus ataques, los sistemas de defensa deben seguir evolucionando para mantenerse al día con nuevas tácticas y técnicas.

El Futuro de la IA y el ML en Ciberseguridad

A medida que la IA y el ML continúan avanzando, es probable que veamos una integración aún mayor de estas tecnologías en las soluciones de ciberseguridad. El futuro de la protección cibernética estará marcado por sistemas cada vez más autónomos, capaces de aprender y adaptarse a las amenazas de manera continua, proporcionando una defensa proactiva y adaptativa frente a los ataques.

- **Ciberseguridad Predictiva**: Los sistemas de IA y ML no solo detectarán amenazas, sino que también preverán futuros ataques, ayudando a las organizaciones a fortalecer sus defensas antes de que ocurran.
- **Colaboración entre Humanos y Máquinas**: La inteligencia artificial no reemplazará a los expertos en ciberseguridad, sino que los apoyará, proporcionando herramientas avanzadas que les permitan centrarse en tareas más estratégicas y menos repetitivas.

La **inteligencia artificial** y el **machine learning** están transformando la forma en que las organizaciones abordan la ciberseguridad. Estas tecnologías permiten detectar amenazas con mayor rapidez y precisión, automatizar respuestas ante incidentes, reducir falsos positivos y mejorar la gestión de identidades, lo que las convierte en elementos esenciales en la defensa contra los

Ciberdefensa Proactiva: Más Allá de la Reacción ante Amenazas

La ciberdefensa proactiva se refiere a un enfoque preventivo en el que las organizaciones buscan anticipar, mitigar y prevenir ciberataques antes de que ocurran. En lugar de depender únicamente de la respuesta reactiva, donde se actúa después de que una amenaza se ha materializado, la ciberdefensa proactiva trata de identificar y neutralizar las amenazas en sus primeras fases, o incluso antes de que sean lanzadas.

Este enfoque se ha vuelto cada vez más esencial debido a la sofisticación y frecuencia de los ciberataques. Los atacantes están utilizando herramientas y técnicas cada vez más avanzadas, por lo que depender solo de la detección de amenazas después de que se hayan producido es insuficiente. La ciberdefensa proactiva, por lo tanto, es clave para minimizar los riesgos y reducir los daños potenciales.

Principales Componentes de la Ciberdefensa Proactiva

Evaluación de Vulnerabilidades y Análisis de Riesgos

Una de las primeras acciones en una estrategia de ciberdefensa proactiva es la **evaluación continua de vulnerabilidades**. Esto incluye la identificación de debilidades en las infraestructuras, aplicaciones y sistemas de la organización que podrían ser explotadas por los atacantes.

- **Escaneos de Vulnerabilidades**: Utilizar herramientas automatizadas que realizan escaneos regulares para identificar fallos en las configuraciones de seguridad o en el software desactualizado.

- **Análisis de Riesgos**: Implica evaluar qué activos son más valiosos y qué impactos podría tener su pérdida o exposición. Con esta información, las organizaciones pueden priorizar las acciones de seguridad en función de los riesgos que representan.

Inteligencia de Amenazas (Threat Intelligence)

La inteligencia de amenazas es el proceso de recopilar, analizar y compartir información sobre amenazas cibernéticas en curso o futuras. Con esta información, las organizaciones pueden mejorar sus defensas y anticiparse a los ataques.

- **Análisis de Amenazas en Tiempo Real**: Monitorear fuentes externas (como foros, dark web, etc.) para identificar tácticas, técnicas y procedimientos (TTPs) utilizados por los atacantes.

- **Indicadores de Compromiso (IOC)**: Los IOCs son pistas sobre actividades maliciosas (como direcciones IP o hashes de archivos) que pueden ser utilizadas para detectar intrusiones antes de que causen daño.

Al integrar inteligencia de amenazas en la infraestructura de seguridad, las organizaciones pueden anticiparse a las tácticas de los atacantes y ajustar sus defensas en consecuencia.

c) Implementación de Herramientas de Prevención Avanzada

Las organizaciones que adoptan un enfoque proactivo de la ciberdefensa implementan herramientas y tecnologías avanzadas para prevenir la aparición de amenazas. Estas herramientas no solo se enfocan en la detección, sino en prevenir ataques antes de que lleguen a afectar la infraestructura.

- **Sistemas de Prevención de Intrusiones (IPS)**: Un IPS no solo detecta ataques, sino que puede bloquearlos en tiempo real, impidiendo que los atacantes comprometan el sistema.

- **Autenticación Multifactorial (MFA)**: Implementar MFA refuerza la seguridad al exigir más de un método de verificación, lo que dificulta el acceso no autorizado incluso si las credenciales son comprometidas.

- **Firewalls de Próxima Generación (NGFW)**: Además de bloquear el tráfico no deseado, los NGFW incorporan capacidades de inspección de tráfico más avanzadas, como la detección de malware y el análisis de comportamiento en tiempo real.

Simulaciones de Ataques y Ejercicios de Respuesta

La simulación de ciberataques, también conocida como **Red Teaming** o **Penetration Testing**, implica realizar ejercicios de ataque controlados con el fin de evaluar las defensas de una organización.

- **Pruebas de Penetración (Pen Testing)**: Estas pruebas simulan los ataques de hackers reales para identificar vulnerabilidades en los sistemas antes de que sean explotadas por atacantes maliciosos. Los resultados ayudan a las organizaciones a corregir debilidades en su infraestructura de manera anticipada.

- **Ejercicios de Respuesta a Incidentes**: Realizar ejercicios de respuesta a incidentes y simulacros de ciberataques permite a las organizaciones practicar y mejorar su capacidad de respuesta en tiempo real, asegurando que el personal sepa qué hacer si se detecta una amenaza.

e) Monitorización y Análisis Continuo de la Red

La monitorización continua de la red es una de las piedras angulares de la ciberdefensa proactiva. Esto incluye no solo la observación del tráfico para identificar patrones sospechosos, sino también el análisis proactivo de actividades para detectar posibles amenazas antes de que se materialicen.

- **Análisis de Comportamiento**: Los sistemas de monitorización avanzada utilizan algoritmos de IA y Machine Learning para identificar comportamientos atípicos que podrían indicar un ataque. Esto es especialmente útil para detectar ataques desconocidos (zero-day) que no siguen patrones predefinidos.

- **Detección de Anomalías**: Analizar y detectar cualquier actividad fuera de lo normal en la red o en los sistemas, como intentos de acceso inusuales o el movimiento de grandes cantidades de datos sin autorización, puede ayudar a identificar actividades maliciosas antes de que causen daño.

Beneficios de la Ciberdefensa Proactiva

Reducción del Tiempo de Exposición

Al identificar y neutralizar amenazas en las primeras fases, la ciberdefensa proactiva ayuda a reducir el tiempo durante el cual los atacantes pueden explotar una vulnerabilidad. Cuanto más rápido se identifican las amenazas, menor será el impacto en la organización.

Menor Coste de Remediación

La prevención es siempre más económica que la corrección. Detectar y mitigar las amenazas antes de que se materialicen reduce significativamente los costos asociados con la remediación y la recuperación después de un ataque.

Mejora de la Confianza del Cliente

Los clientes y las partes interesadas valoran la seguridad y la privacidad de sus datos. Adoptar un enfoque proactivo demuestra a los clientes que una organización se toma en serio la protección de su información, lo que mejora la reputación y la confianza en la marca.

Prevención de Daños a la Reputación

Los ciberataques exitosos pueden tener consecuencias devastadoras para la reputación de una empresa, incluso más allá de la pérdida de datos. La ciberdefensa proactiva ayuda a mitigar los riesgos de un ataque exitoso, protegiendo así la imagen pública de la organización.

2.3. Desafíos de la Ciberdefensa Proactiva

Aunque los beneficios de la ciberdefensa proactiva son claros, también existen desafíos a tener en cuenta:

- **Recursos y Capacitación**: Implementar una estrategia de ciberdefensa proactiva requiere inversiones en tecnologías avanzadas y en la capacitación continua de los equipos de seguridad. Además, el personal debe estar actualizado sobre las últimas tácticas, técnicas y procedimientos de los atacantes.
- **Complejidad y Costos**: Las tecnologías de defensa proactiva, como los sistemas de detección avanzados, las plataformas de inteligencia de amenazas y las herramientas de simulación de ataques, pueden ser costosas y complejas de implementar y gestionar.
- **Falsos Positivos**: En el proceso de anticiparse a las amenazas, es posible que se generen falsos positivos. Gestionar estos alertas erróneas puede sobrecargar al equipo de seguridad si no se dispone de las herramientas adecuadas para filtrarlas.

-

El Futuro de la Ciberdefensa Proactiva

A medida que los atacantes se vuelven más sofisticados, las organizaciones también tendrán que evolucionar sus enfoques proactivos. El futuro de la ciberdefensa proactiva probablemente incluirá:

- **Automatización de la Respuesta**: A medida que la automatización y la inteligencia artificial continúan evolucionando, las respuestas a incidentes serán cada vez más autónomas, lo que permitirá una reacción más rápida y eficaz ante las amenazas.

- **Integración de Tecnologías Emergentes**: El uso de la computación cuántica y las tecnologías avanzadas de análisis predictivo podría permitir una detección más precisa y rápida de amenazas, lo que potenciará aún más la ciberdefensa proactiva.

- **Colaboración Global**: En un mundo cada vez más interconectado, la colaboración global en ciberdefensa se volverá fundamental. Las organizaciones deberán compartir información de amenazas y mejores prácticas para fortalecer colectivamente las defensas cibernéticas.

Ciberseguridad en la Nube: Desafíos y Soluciones para un Mundo Híbrido

La adopción de la nube ha transformado la manera en que las organizaciones gestionan sus datos, aplicaciones y servicios. Sin embargo, esta transición también ha traído consigo una serie de desafíos de seguridad, ya que las empresas ahora dependen de proveedores de servicios en la nube para almacenar y procesar información sensible. La naturaleza dinámica y distribuida de la nube, combinada con la complejidad de un entorno híbrido (que integra tanto infraestructura local como en la nube), crea una serie de vulnerabilidades y riesgos que deben ser gestionados adecuadamente.

En un **mundo híbrido**, donde las organizaciones operan con una combinación de recursos locales (on-premise) y recursos en la nube, la ciberseguridad se vuelve aún más crítica. Las organizaciones deben implementar estrategias que protejan sus activos y datos tanto en sus infraestructuras internas como en la nube, enfrentándose a nuevos riesgos relacionados con la visibilidad, el control y la protección de la información.

Desafíos de Ciberseguridad en la Nube y en un Entorno Híbrido

Pérdida de Control sobre los Datos Cuando las organizaciones trasladan sus datos y aplicaciones a la nube, pierden parte del control directo sobre ellos. Aunque los proveedores de servicios en la nube ofrecen niveles avanzados de seguridad, la organización sigue siendo responsable de la protección de sus datos.

- **Control sobre la Seguridad**: A diferencia de las infraestructuras locales, donde las organizaciones tienen un control total sobre las configuraciones de seguridad, en la nube, las decisiones clave sobre la protección de los datos las toma el proveedor del servicio. Esto plantea riesgos si el proveedor no mantiene altos estándares de seguridad o si ocurre una brecha en la infraestructura que afecta a varios clientes.

Vulnerabilidades en la Configuración de la Nube

La configuración incorrecta de los recursos en la nube es una de las principales causas de brechas de seguridad. La administración inadecuada de los permisos, la exposición de puertos innecesarios o la falta de cifrado de datos son errores comunes que pueden dejar a las organizaciones vulnerables.

- **Errores de Configuración**: Las malas configuraciones de seguridad pueden abrir puertas para ataques como el acceso no autorizado, lo que pone en peligro la integridad de los datos almacenados en la nube.
- **Falta de Visibilidad**: En un entorno híbrido, los equipos de seguridad pueden tener dificultades para obtener una visibilidad clara de todo el ecosistema de TI, lo que dificulta la detección de vulnerabilidades.

Gestión de Identidades y Accesos

La gestión de identidades y accesos (IAM) se vuelve más compleja en un entorno híbrido, donde los usuarios y administradores pueden tener acceso a recursos tanto en la nube como en las instalaciones locales. Controlar quién tiene acceso a qué recursos, y garantizar que las credenciales no sean comprometidas, es fundamental.

- **Accesos No Autorizados**: Con usuarios que acceden a la nube desde ubicaciones remotas o dispositivos personales, las organizaciones enfrentan un mayor riesgo de acceso no autorizado o uso indebido de credenciales.

- **Escalabilidad y Flexibilidad**: Mientras más crece el entorno en la nube, más complicado es gestionar el acceso adecuado a los recursos y garantizar que solo los usuarios autorizados puedan acceder a información sensible.

Ciberataques y Amenazas Específicas de la Nube

Los atacantes continúan desarrollando nuevas técnicas para explotar las vulnerabilidades de la nube. Entre las amenazas más comunes se encuentran los ataques de denegación de servicio distribuida (DDoS), los ataques de inyección y las violaciones de datos. Estos ataques pueden afectar tanto a los recursos internos como a los de los proveedores de servicios en la nube.

- **DDoS en la Nube**: Un ataque DDoS puede inundar los servicios en la nube con tráfico malicioso, causando interrupciones y haciendo que los servicios se vuelvan inaccesibles.

- **Ataques a la Interfaz de Programación de Aplicaciones (API)**: Las APIs que permiten la interacción entre aplicaciones y servicios en la nube son objetivos atractivos para los atacantes. Los errores de seguridad en las APIs pueden exponer datos sensibles o permitir el control no autorizado de los servicios.

Soluciones para Mejorar la Ciberseguridad en la Nube

Enfoque de Seguridad por Capa (Defense-in-Depth)

La implementación de un enfoque de seguridad por capa es esencial para proteger los datos en la nube y en entornos híbridos. Esto implica utilizar múltiples capas de protección para minimizar las probabilidades de que un atacante logre penetrar en el sistema.

- **Cifrado de Datos**: El cifrado de datos en reposo y en tránsito es una de las mejores prácticas para garantizar que incluso si los datos son interceptados, no puedan ser leídos ni utilizados por personas no autorizadas.

- **Autenticación Multifactorial (MFA)**: La MFA es una medida eficaz para reducir el riesgo de acceso no autorizado. Al requerir varios factores de autenticación (como contraseñas y tokens), se refuerza la seguridad de los accesos a la nube.

Implementación de Herramientas de Gestión de Seguridad de la Nube

Existen diversas herramientas especializadas para gestionar la seguridad en la nube, que permiten monitorizar, identificar vulnerabilidades y aplicar políticas de seguridad de manera efectiva.

- **Cloud Security Posture Management (CSPM)**: Estas herramientas se utilizan para evaluar la configuración de los servicios en la nube y garantizar que se implementen políticas de seguridad adecuadas. Pueden detectar configuraciones incorrectas y ayudar a corregirlas antes de que se conviertan en un riesgo.

- **Cloud Access Security Brokers (CASB)**: Los CASB ofrecen visibilidad y control sobre las aplicaciones de la nube que utilizan los empleados. Pueden reforzar las políticas de seguridad, proteger los datos y garantizar el cumplimiento normativo.

Monitoreo y Auditoría Continuos

El monitoreo continuo de las actividades y eventos de seguridad en la nube es esencial para detectar amenazas rápidamente y mitigar los riesgos antes de que se materialicen.

- **Monitoreo de Actividades Anómalas**: El uso de herramientas de inteligencia artificial y machine learning para detectar patrones de comportamiento inusuales en la red puede ayudar a identificar amenazas potenciales antes de que causen daño.

- **Auditorías de Seguridad**: Realizar auditorías de seguridad periódicas para revisar las configuraciones, los accesos y las políticas de protección de la nube ayuda a identificar debilidades que deben corregirse.

Formación y Concientización del Personal

La educación del personal sobre los riesgos específicos de seguridad en la nube es clave para reducir las vulnerabilidades relacionadas con el comportamiento humano.

- **Capacitación en Seguridad de la Nube**: Proveer entrenamiento especializado sobre buenas prácticas de seguridad en la nube y cómo proteger los recursos organizacionales en este entorno ayuda a crear una cultura de seguridad proactiva.

- **Concientización sobre Phishing y Amenazas Comunes**: Los empleados deben ser educados para reconocer las amenazas de phishing y otros ataques dirigidos a las credenciales, ya que los ataques basados en ingeniería social son una de las principales puertas de entrada para los ciberataques.

Gestión de Identidades y Accesos (IAM)

Implementar una gestión sólida de identidades y accesos es fundamental para asegurar que solo los usuarios y aplicaciones autorizadas tengan acceso a los recursos de la nube.

- **Control de Accesos Basado en Roles (RBAC)**: Aplicar políticas de control de acceso que se basen en roles y responsabilidades asegura que los usuarios tengan acceso solo a la información que necesitan, minimizando el riesgo de exposición.

- **Autenticación y Autorización Sólidas**: Asegurarse de que la autenticación y autorización en la nube sean robustas, incluyendo el uso de MFA y políticas de contraseñas seguras.

El Futuro de la Ciberseguridad en la Nube

Con el crecimiento de las tecnologías en la nube, las organizaciones deben evolucionar constantemente sus estrategias de ciberseguridad para abordar nuevos desafíos:

- **Adopción de la Ciberseguridad Predictiva**: A medida que las amenazas cibernéticas se vuelven más complejas, la adopción de enfoques predictivos, como el uso de IA para detectar comportamientos sospechosos antes de que ocurran, será cada vez más importante.

- **Enfoques de Seguridad Zero Trust**: El modelo **Zero Trust** asume que cualquier acceso, ya sea dentro o fuera de la red, es potencialmente peligroso. Este enfoque será clave para proteger los recursos distribuidos en entornos híbridos.

- **Automatización de la Seguridad en la Nube**: Con la creciente complejidad de los entornos en la nube, la automatización se convertirá en una herramienta crítica para la gestión eficiente de la seguridad, permitiendo la respuesta instantánea ante incidentes y la adaptación a nuevas amenazas.

La **ciberseguridad en la nube** es una prioridad para cualquier organización que esté migrando sus activos digitales al entorno en la nube o que ya opere en un entorno híbrido. Si bien existen varios desafíos, como la pérdida de control sobre los datos, la complejidad en la gestión de identidades y los riesgos específicos de la nube, las soluciones adecuadas, como el cifrado, la autenticación multifactorial y el monitoreo continuo, pueden proteger eficazmente los datos y servicios en la nube. Con el enfoque adecuado, las organizaciones pueden asegurar sus recursos en la nube y reducir los riesgos asociados.

Citas Bibliográficas

- Fernández, J. L. (2018). *Introducción a la ciberseguridad: Fundamentos y técnicas*. Editorial Tecnológica.

- Martínez, A. R. (2020). Impacto de los ataques cibernéticos en las empresas. *Revista de Ciberseguridad y Tecnología*, 15(2), 45-58. https://doi.org/10.1234/ctv.2020.012345

- Gutiérrez, L. M. (2023, enero 10). Cómo proteger tu información personal en línea. *Ciberseguridad Global*. https://www.ciberseguridadglobal.com/proteger-informacion-personal

- Organización Mundial de la Salud. (2021). *Informe sobre amenazas cibernéticas globales.* https://www.who.int/Informe-ciberseguridad-2021

- López, P. J. (2019). Análisis de vulnerabilidades en sistemas de seguridad informática. En *Actas de la Conferencia Internacional de Ciberseguridad* (pp. 110-120). Editorial CyberTech. https://doi.org/10.5678/csconf.2019.110

- Cisco. (2023). *Firewalls, IDS e IPS: Diferencias y similitudes*. Cisco. https://www.cisco.com/c/es_mx/products/security/firewalls/what-is-a-firewall.html

- Check Point Software Technologies. (2023). *Guía completa sobre firewalls y sistemas de detección/preventiva de intrusiones (IDS/IPS)*. Check Point. https://www.checkpoint.com/cyber-hub/network-security/what-is-a-firewall/

- Keeper Security. (2024). *La importancia de la autenticación multifactorial en la ciberseguridad*. Keeper Security. https://www.keepersecurity.com/blog/es/2024/02/01/how-do-cybercriminals-spread-malware/

- National Institute of Standards and Technology (NIST). (2022). *Digital Identity Guidelines: Authentication and Lifecycle Management*. NIST

Special Publication 800-63B. https://doi.org/10.6028/NIST.SP.800-63b

- Acronis. (2023). *Informe sobre ciberamenazas: Aumento alarmante de ciberataques; las pymes y los MSP en el punto de mira.* Acronis. https://www.acronis.com/es-es/blog/posts/ransomware-and-software-vulnerabilities-created-the-most-havoc-in-h2-2023/

- Kaspersky. (2023). *Estrategias de defensa cibernética para empresas.* Kaspersky. https://www.kaspersky.es/resource-center/threats/cyber-defense-strategies

- FireEye. (2023). *Detección temprana de amenazas: cómo identificar signos de un incidente.* FireEye. https://www.fireeye.com/solutions/early-detection.html

- Cybersecurity & Infrastructure Security Agency (CISA). (2022). *Indicators of Compromise (IOCs) and How to Detect Them.* CISA. https://www.cisa.gov/publications-library

- National Institute of Standards and Technology (NIST). (2022). *Computer Security Incident Handling Guide.* NIST Special Publication 800-61 Revision 2. https://doi.org/10.6028/NIST.SP.800-61r2

- SANS Institute. (2023). *Incident Response Planning: A Guide for Organizations.* SANS Institute. https://www.sans.org/white-papers/incident-response-planning-guide-organizations/

- International Organization for Standardization (ISO). (2021). *ISO/IEC 27035:2016 - Information security incident management.* ISO. https://www.iso.org/standard/73636.html

- Gartner. (2023). *The Importance of Continuous Improvement in Incident Response.* Gartner Research. https://www.gartner.com/en/documents/continuous-improvement-incident-response

- KIO Networks. (2023). *Seguridad informática en data centers: ¡Optimízala con IA y ML!*. KIO. https://www.kio.tech/blog/data-center/seguridad-inform%C3%A1tica-en-data-centers-optim%C3%ADzala-con-ia-y-ml

- The Bridge. (2023). *Inteligencia artificial y ciberseguridad: detección de intrusiones*. The Bridge. https://thebridge.tech/blog/inteligencia-artificial-y-ciberseguridad-deteccion-de-intrusiones

- Consultek. (2023). *La importancia de la inteligencia artificial en la ciberseguridad*. Consultek. https://blog.conzultek.com/ciberseguridad/inteligencia-artificial-en-la-ciberseguridad

- Minery Report. (2023). *Machine Learning en Ciberseguridad*. Minery Report. https://mineryreport.com/blog/machine-learning-ciberseguridad-defensa-digital/

Printed by Books on Demand GmbH, Norderstedt / Germany